展你的生命力

阳光不会赶时间

陈珠琳
juju
著

南京师范大学出版社

图书在版编目（CIP）数据

阳光不会赶时间：舒展你的生命力 / 陈珠琳juju著.
南京 : 南京师范大学出版社, 2024.10. -- ISBN 978-7
-5651-6429-3

Ⅰ. B848.4-49

中国国家版本馆CIP数据核字第2024RS5956号

书　　名	阳光不会赶时间:舒展你的生命力
作　　者	陈珠琳juju
责任编辑	秦　月
出版发行	南京师范大学出版社
地　　址	江苏省南京市玄武区后宰门西村9号(邮编:210016)
电　　话	(025)83598919(总编办)　83598319(营销部)
网　　址	http://press.njnu.edu.cn
电子信箱	nspzbb@njnu.edu.cn
照　　排	南京开卷文化传媒有限公司
印　　刷	南京新世纪联盟印务有限公司
开　　本	880毫米×1230毫米　1/32
印　　张	9.625
字　　数	154千
版　　次	2024年10月第1版
印　　次	2024年10月第1次印刷
书　　号	ISBN 978-7-5651-6429-3
定　　价	58.00元

出版人　张　鹏

南京师大版图书若有印装问题请与销售商调换
版权所有　侵犯必究

和juju相识到成为挚友,已经超过10年。记得无数次她带着明媚的笑脸,跟我分享着她经历的新鲜事,或者邀请我一起去体验。阅读这本书时,我随着文字的娓娓道来,吸收着她30多年的成长沉淀,感受着她与外界不断碰撞后,逐渐拥有的真正的自由。juju的文字和她本人一样温暖有力量,我的内心也不知不觉地受到鼓舞,愿你我都可以"把全世界都变成舒适区,在哪里都能做自己"。

——Kellyn周蔺华,KKLUE创始人/CEO

也许是因为有着和juju极其相似的职业路径,在她充满善意和温柔的字里行间,我还感受到关于成长和冒险的兴奋、困惑甚至不安,同时伴随着重生的希望和力量。如果你正在平凡生活中寻找热爱和勇气,强烈推荐你阅读这本书,她像是每个用心活好当下的人的缩影,让我们找到一切向好的"秘诀"。

——来历历

juju是我人生中非常重要的朋友,她拥有一种可以始终保持快乐的能力。相信我,只要你靠近她,很难不被她身上阳光、真诚的能量所感染。在我看来,外界那些所谓"好的""正确的"都不重要,重要的是跟随自己的内心,做自己真正会享受过程的事情,我想这也是juju在这本书里最想告诉大家的:如何更好地通往你的本心,拥抱和接纳自己,获得真正发自内心的、持久的快乐。

——若曦,微信公众号"就是好厉害"主理人

juju一直是我的良师益友,在我初入职场的阶段给了我很多启发。这些年见证她从快节奏的投行生活中抽身到后来自己创业,我总是能从她身上感受到阳光、力量和勇气。3年前我离开上海开始旅居时,惊喜地发现juju也慢了下来,开启了向内探索的旅程。她的文字清晰地描述了一位女性20—30岁成长的必经阶段,我非常有共鸣,也相信你也一定能从中有所收获!

——颜晓静Athena,心野间SoulTribe创始人

推荐序
PREFACE

翻开这本书的时候,是八月的一天,阳光正好。合上书的时候,觉得心好像和身体一样,都晒足了一个下午的太阳。

这也是每次见完juju给我的感受。

认识juju的时候,我已经从香港搬回了上海,一边继续做着战略咨询的工作,一边开始了都称不上副业,只能算是爱好的脱口秀(我爸:"你这个东西,跟我喜欢唱卡拉OK一样的")。当时的juju也在一边高强度做投行,一边不断更地当时尚博主。两个正在探索人生的"斜杠青年",就这么相遇了。

从那个时候到现在,我们的生活都发生了很大的变化,谁能想到,如今我成立了自己的喜剧俱乐部"SpicyComedy",而juju也创立了自己的健康品牌"窕里",并把一路成长的感悟浓缩成了这本《阳光不会赶时间》。看完这本书后,我明白为什么juju会找我写序了,除了因为我是她身边最幽默风趣活力四射（以下省略 ENFP 自恋时的一万字）的朋友外，更是因为我们俩的人生里，有太多看似不同但内核相似的经历与选择。

她在书里写到如何慢慢在迷茫中看清"喜欢"和"擅长"。我接触脱口秀的前六年里，一直保持着全职工作的状态，从国企到外企再到创业公司，从战略到销售再到品牌，从知道自己不喜欢什么到知道自己喜欢/擅长什么，再到知道如何最大化自己的喜欢/擅长，加上一些外界因素的成熟，最终找到了一条全职做喜剧人的道路。

她提到"portfolio life"——用个人品牌串联多元人生——我感同身受，毕竟在这个飞速发展的世界，越稀缺的越不容易被替代。基于自己的兴趣爱好，我们可以发展出相应的能力，通过能力叠加，我们可以给自己加上很多定语，最终成为唯一。比如，我就应该是全银河系唯一一个有自己的喜剧俱乐部，用中文（普通话、沪语）、英语、日语多种语言讲过脱口秀的女演员！

还有一些贯穿这本书的人生哲学，我也一直在践行，但 juju 用一种温柔智性的风格表达了出来。比如她提到，"吃苦"不会让你变幸运。很多人问我，做脱口秀累不累，有没有想放弃的时候，我的答案是"从来没有"。因为是发自内心的喜欢，所以舞台能给我能量，让周围人开心也能给我能量，一切的累都是生理上的，从来不是心理上的。爱，真的能发电。

又比如，她不止一次提到，当你被别人温暖到时，也要记得去温暖你能照到的人，能量流动起来，势能惊人。我也希望通过"SpicyComedy"让更多喜欢英语、沪语脱口秀的朋友，找到一个好玩的基地，也希望通过自媒体让更多脱口秀女演员有一个可以舒适地自由表达的舞台。

合上书后，除了感到灵魂共鸣，我还特别希望当年20多岁的我，能看到这本书，就好像多一个亲切的姐姐，她走过你来时的路，让你少走"弯路"，多去玩。如果你与我和juju一样，对这个世界充满了好奇，但又有些迷茫，不妨找一个阳光明媚的下午，翻开这本奇妙的书，也许你的内心，就会多一些坚定的答案。

杨梦琦 Norah，
"SpicyComedy"创始人

前　言
FOREWORD

不快不慢，才是时间的魅力

生命的节奏不是线性的安排，而是生动且充满趣味的，并且一直在变化。生命有自己的韵律，仿佛是一场不断演奏的交响乐，充满了高低起伏，有时轻缓，有时急促，既有激情澎湃，也有细腻婉转，每一个音符都在诠释着生命的精彩与多样。

10多年以前，从波士顿的商学院毕业后，我带着两个行李箱踏上飞往香港的航班，从此开启了金融行业的职场生涯。每天穿着时髦的小西装，出入中环的高级写字楼，周五下午会在兰桂坊的酒吧里与同事们度过"happy hour"，觉得自己过上了从小向往的TVB港剧里的那种生活。20多岁时，体内的生命力太蓬勃，那时的我有一颗躁动的心，总是想去新的地方看看，想要轰轰烈烈的生活；会急迫，会直线思维，会义愤填膺……这一切都是那么真实，那么自然。

我在社交场合对近期的项目侃侃而谈，对热点新闻发表意见，积极表达着，以获得别人的注意力和认可。有人会说这是"无效社交"，可那时的我，还不懂得与自己对话，怎么会懂得倾听的艺术；还不了解自己内心的真实需求，怎么会分辨接收到的信息是有益还是无益的呢？不同的生命阶段，会自然而然地匹配到不同的生命体验。人是在与外界的不断碰撞当中逐渐地去了解自己的，没有任何一段经历是无效的。

在自媒体开始火起来的时候，我也兴致勃勃地创建了自己的微信公众号"juju｜serendipity"，从一开始写职场穿搭到女性成长，后来又拓展到全方位的健康生活。那时的我是一个不折不扣的"斜杠青年"，周一到周五上班，周末的时间就几乎全花在拍摄和码字上，如此坚持周更了将近四五年时间。身边的同事都不知道我的这个秘密身份，周一一大早，大家互相寒暄"周末过得如何？"时，我都耸耸肩膀，假装平淡地说："就那样呗。"

但其实，这个公众号迅速为我打开了一扇门，让我有机会去自由探索金融行业以外的世界。创业品牌迅速崛起、女性社群红红火火、去纽约时装周看秀、去论坛活动做演讲……我体验到了自媒体流量带来的无数全新的可能性。临近 30 岁时，我已经迫不及待地想去追求一个更精彩的人生了。

前　言

　　在 30 岁生日前，我辞职创立了女性健康品牌"窕里"（与"调理"谐音），开始了创业与融资的"速度与激情"。"窕里"成立时，我立下品牌愿景，希望启发忙碌的都市女性过一种身心平衡的生活。然而，在不断追求宏大叙事和高光时刻的过程中，我自己反而越来越失去身体和内心的联结。把我点醒的，是多年好友的一句话："以前你经常周五晚上从香港飞到上海来办活动，半夜见到你时，最多是觉得风尘仆仆的，但从来没有见你这么憔悴过。"更讽刺的是，我当时正忙着找各大主播带货冲销量，直播时的口号是"'窕里'好状态"，而我自己却因为长期承受巨大压力而内分泌失调。

　　我意识到，我一刻不停地竭力奔跑，却早忘掉了自己要去哪里。于是，我给这一切按下了"暂停键"。

　　我不认可"女生在 20 岁应该要做些什么""希望自己在 30 岁前明白的道理"这种网文宣扬的内容。生命的演化是一个水到渠成的过程，随着生命之河的流淌，人会自然而然地进入新的阶段，并与新的人、体验和智慧相遇。

　　两年前在朋友的推荐下，我读了《当下的力量》（埃克哈特·托利著）这本书，它为我解答了很多当时的困惑。我如获至宝，大段大段地画线，恨不得全文背诵。书中的

— 003 —

文字清晰地表达出了我内心模模糊糊的感觉，也疏通了我当时堵住的心灵管道，引导我走向一段全新的向内探索之旅。有一次回南京看望父母时，我突然发现家里的书架上也有一本《当下的力量》，纸张已经全部泛黄，翻看第一页，是2007年印刷的版本。我完全不记得自己曾经买过这本书，也许十几年前我曾试图去翻阅它，但那时的我肯定是一个字都看不进去的。

非常感恩能经历这段所谓的"低谷期"，让我体验了一种不一样的生活状态。过去只习惯于高歌猛进的节奏，也只允许自己保持这一种高亢的状态，只要觉得自己稍微放松了一点，就会立刻去鞭策自己。而身心能量偏低的这段时间里，我开始变得平和，开始懂得去细细品味"静"和"缓"的智慧。当没有那么多问题要去解决，那么多目标要去完成的时候，生命仿佛突然多出了一个新的空间，让我可以后退一步去观察自己，慢慢梳理内心的想法和感受，这本书也因此而萌生。

谢谢你翻开这本书，让我们有缘在文字中相遇，也希望这本书能陪伴你走一段人生探索之旅。还是那句话，每一段经历都会让你的生命更丰富、更有层次，放下"好坏"和"对错"的评判标准，全然去体验人生的不同面向，take your time！

目 录
CONTENTS

推荐序 / 001

前言 / 001

去联结
CONNECT & COMMUNICATE

1.1 构建人际边界，拥有拒绝的勇气 / 002

1.2 构建职场人脉：健康生长的人际脉络 / 013

1.3 延展职场人脉：人际生态里的生命力 / 027

1.4 周围人的优秀，会让你焦虑吗？/ 039

1.5 情商就是做好沟通和情感表达 / 047

1.6 让幸运变成一种生活方式 / 058

去创造
CREATE & INFLUENCE

2.1　个人影响力：KOL 不只是网红 / 072

2.2　个人作品：成长与创作的"合一" / 083

2.3　赏心悦目：美学的滋养，让你脱颖而出 / 092

2.4　唤醒右脑：真情实感，才能打动人心 / 104

2.5　个人品牌：先做自己，再做品牌 / 114

2.6　portfolio life：用个人品牌串联多元人生 / 125

去成长
GROW & EXPERIENCE

3.1　自我认知力：在迷茫中看清"喜欢"和"擅长" / 136

3.2　全域学修力：知行合一，成长没瓶颈 / 150

3.3　即刻行动力：找回想做就做的勇气 / 162

3.4　美学创造力：用爱和美好，去生活，去创造 / 174

3.5　闪光自信力：去做，去表达，去成为自己 / 185

3.6 全效整合力：无须二选一，活出多元跨界人生，活出全部可能性 / 197

3.7 永续演化力：持续成长和蜕变，才是生命力的本质 / 208

去感知
FEEL & AWARE

4.1 顺其自然：人生不是一个待解决的问题 / 218

4.2 回归生活的真相："如是"观察，真正地去看见 / 227

4.3 活在当下：多一些感受，少一些评判 / 236

4.4 打破线性因果：想要"得到"，就先"做到" / 246

4.5 阴性觉醒：整合阴阳能量，活出全部的生命光谱 / 254

4.6 拥抱情绪：不要去"管理""负面"情绪 / 264

4.7 身心联结：真正的健康，让你强大而又放松 / 276

后记 / 287

Daisy 雏菊

花语：真实与坚韧

传达温暖，互相支持，共同成长

去联结

Connect & Communicate

1.1 构建人际边界，拥有拒绝的勇气

真正的爱，不是单纯的给予，还包括适当的拒绝，及时的赞美，得体的批评，恰当的争论，必要的鼓励和有效的监督。爱是为了促进自我和他人的心智成熟，而具有一种自我完善的意愿。是一个良性循环，经营感情就会越来越好。

——《少有人走的路》，M. 斯科特·派克（M. Scott Peck）

在志愿者经历中，学到"边界"的意义

在波士顿上了一年学后，生活已经规律起来，基于同班同学的引荐，我去一家"反家庭暴力"救助中心做志愿者。任何人遭遇了家庭暴力，可以第一时间打热线电话来寻求帮助。如果决心要离开发生暴力的场所，但没有其他可以去的地方，救助中心会安排暂时住在紧急避难所里，直到找到新的住所。

很多女性都是带着孩子一起离开的，我的工作就是去一家专门帮助亚洲女性的紧急避难所陪住在里面的小朋友们玩。虽然叫紧急避难所，但并不是遇到自然灾害时搭建的那种临时帐篷，我工作的这家，是一幢个人捐赠的大房子。和我做游戏时，小朋友们个个都很活跃，欢呼跑跳，玩得尽兴。目睹（经历）家庭暴力以后，心理上肯定是会受到影响的，但心理健康的评估和辅导会由专业人员来做，我的工作真的就只是和小朋友们玩！有时周末救助中心也会组织去参观博物馆、看马戏团表演等。

我很快就和住在那里的几个小朋友熟悉起来，每次按门铃后进屋，他们都会飞奔着扑向我，把我围在中间。记得有个妈妈跟我抱怨说："女儿不肯去洗头呢！她说姐姐快

来了，怕头发来不及吹干，耽误跟姐姐玩的时间。"为了不辜负小朋友们的等待，我每周都会按时出现，哪怕是糟糕的雨雪天气，也从没有间断过。

在与小朋友们正式接触前，我需要接受 80 个小时的基本培训。在这个培训里，我第一次真正学习了"边界"这个词。比如，要尊重别人的隐私，不能因为自己的好奇或者以"关心"为由，去询问别人到底发生了什么。要时刻谨记自己的身份是志愿者，不要做出或接受过度亲密的举动。小朋友们肯定不理解这点，他们会想要很多拥抱，想带你去他们房间给你看好玩的东西，想在志愿服务以外的时间跟你私下联系。即使不想让任何人失望，但是仍要记住，划清边界对于维护健康长久的关系很重要。另外，要清楚自己的工作范围是陪小朋友们做游戏，当他们表现出的行为让人困惑时，就去办公室找专业的心理辅导师来提供帮助。用自己的方式同小朋友"讲道理"，教导他们"应该"要怎样，对于志愿者的工作来说就是越界行为。

"Give options, not advice"（给出选项，而不是建议）这句话让我至今印象深刻。作为救助热线的接线员，如果有遭遇家庭暴力的人打电话求助，要做的是倾听后清晰地告诉对方：如果选择离开，救助中心可以提供法律、住宿、经济方面的援助。而如果对方选择留下，就尊重对方的决定。劝对方"你应该马上离开"，质疑"你为什么不肯走？"等等，这些都属于干涉。

这80个小时的培训让我开始思考在平常的生活中，或者说在普通人际关系中，该如何定义和维护边界呢？我们都想要成为独立自主的人，也想要与他人建立亲密的情感联结，对于划清边界肯定不能用"一刀切"的方式，不然会显得不近人情。

心理学家阿德勒（Adler）提出的"课题分离"理论，对我理解每段关系里的边界帮助很大。"课题分离"的意思是分清事情或者问题的责任归属。当我因为不知道边界在哪里而感到苦恼的时候，就会认真地思考，"这是谁的课题"。《被讨厌的勇气》这本书就是基于阿德勒心理学写的，书里写道："一切人际关系矛盾都起因于对别人的课题妄加干涉或者自己的课题被别人妄加干涉。只要能够进行课题分离，人际关系就会发生巨大改变。"

你肯定遇到过一些人，以"关心你""为你好"的由头干涉你的生活和工作，并坚信自己的做法是绝对正确的。一个人真正关心你时，是带着好奇的心情来询问你最近的情况，会带来信任和祝福的能量，真心希望你一切都好。

担心则是相反的感觉，担心你的人，会把自己内心的急迫、焦虑、不安全感，通通投射到你身上，怕你做不好就一直监督你的进度，并不断告诉你"应该"要怎么做。当一个人总是不断告诉你"应该"如何做时，离他远一些，给自己创造一个可以呼吸的空间。学会信任和放手，是属于他的人生课题。不要卷入他的课题，否则你们会进入一个互相纠缠、互相干涉的关系状态。

心理学家卡尔·罗杰斯（Carl Rogers）曾说："如果有人真的听到了你的心声，不对你评头论足，不试图为你负责，也不想改变你，这多么美好啊。"

当朋友主动来找我谈心时，我会全心全意地倾听，哪怕朋友主动寻求建议，我也会提醒自己"给出选项，而不是建议"这句话，尽力开动脑筋去想各种解决问题的方案，提供有帮助的信息和资源，但不会轻易告诉对方，我觉得他"应该"要怎么做。有时你觉得别人在"犯错误""走弯路"，其实这是你在用自己心目中的标准去评判事物，而别人只是在用自己的方式经营着人生。

拥有拒绝的勇气，让人失望也无妨

很多人都说自己不太好意思拒绝别人。明明是内心不想做的事情，拒绝吧，会担心对方不高兴，或者觉得自己"不够朋友"；勉强答应下来呢，又委屈了自己，因此受到过不少困扰。

别人来请求你帮忙时，可以先客观地评估一下自己的现状，是否有能力和精力提供帮助。如果不能，最好马上就明确拒绝对方，这样他还能立刻去找别的解决方案。如果因为你的拒绝，对方表现出不高兴，那么消化这种"不高兴"是对方的课题。

蒂姆·费里斯（Tim Ferris）在《巨人的工具》这本书里，采访了不同领域里的多位成功人士，请他们分享各自的经验。其中的一位被采访者说，当他收到采访或者活动的邀请时，都会先想一下参与这个活动是否与自己应该全力负责的人和事的利益是一致的，还会想一下自己是否已经在最在乎的人（比如父母、子女、好朋友）身上花了足够的时间。每个人的时间和精力都是宝贵的，这是他用于评估答应还是拒绝一个邀请的两项准则。另一位被采访者说："如果你答应对方，完全是出于内疚或者担心的情绪，那你其实是应该拒绝的。"我们很多时候答应一件事，并不是真心觉得它是有意义的，更多的是怕对方失望而"无法拒绝"。但其实，让别人失望也无妨。

大卫·布拉德福德（David Bradford）和卡罗尔·罗宾（Carole Robin）所著的《深度关系》中提到："拥有一段深刻的关系，并不意味着你必须满足对方的每一个需求。在面对纠缠不清的问题时，平衡'照顾好自己'和'对他人做出回应'的关键是要坦言自己的需求，关心他人的需求，不加指责地对话。"

在一段健康的关系里，设定边界不会伤害关系，反而会增强关系。树立好边界才能更好地为自己负责，同时履行对他人的尊重、契约和责任。答应对方的部分，就认真完成，这是建立信任的基础。清晰且完整地划好边界，并根据事情的动态发展及时沟通，有助于减少人与人之间不必要的猜测和误解。虽然可能暂时会给对方带来一阵"刺痛"，让人有失望的感觉，却可以避免长久以后信任的崩坏。

当你有勇气去拒绝别人，明白拒绝的意义，也就能坦然地接受别人的拒绝，并尊重别人的决定。别人拒绝你，与你"好不好"或者"是不是不喜欢你"并没有什么关系。

某一期《奇葩说》里，有位辩手说自己失眠很严重，每晚都要依靠药物入睡。当时有位嘉宾回应道："你知道怎么才能睡得着觉吗？只要你放弃所有人对你的期待，不在乎别人看法的时候，你就睡得着觉了。"当你不再为了满足他人的期待而活，也尊重他人不为满足你的期待而活，就不会再理所当然地认为别人的行为应该要符合你的预期。这样大家都能活得更轻松、洒脱，也更快乐。

我收到过一些年轻女孩的留言，问我怎么算是职场性骚扰，边界到底在哪里？和男同事一起出差的行为准则是什么？对于这些问题，你的身心感受就是答案，如果有人让你觉得不舒服，或者你隐隐感觉不对劲，那你的直觉已经在提醒你拒绝。这时，不要用理性思考去封锁这些不对劲的感觉，比如引导自己去关注一些看似客观的因素，包括这个人的专业背景和经验、拥有的资源、合作的匹配度等，或者劝自己"别想太多""要放开一点，不要那么拘谨"。可是，多想又如何？拘谨又如何？要把照顾好自己永远作为头等大事，而不要把让别人高兴放在前面。无论如何，永远站在自己这一边，不要否定自己的直觉。

如果身边有些人总是让你感到疲惫、困扰，不断地消耗你的能量，其实也没必要非得和他们维持关系。在这个世界上，总会有人认为你不够好，这是无法避免的。只有去接纳这个现实，我们才能过上真正属于自己的人生。

先关照好自己，才能关照他人

在我将要毕业的时候，我告诉救助中心的工作人员自己即将离开波士顿，不能继续每周来陪小朋友们做游戏了。我对接的工作人员是一名东南亚裔的姐姐，她一直在非营利机构工作，与志愿者打交道非常有经验。她热情开朗，总是哼着歌，似乎有用不完的好心情。还记得第一次去紧急避难所工作时，我忐忑不安，不知道应该用什么样的态度面对住在那里的人才算是"合适"的。是应该要用凝重且严肃的态度，表示我对他们的尊重和重视吗？是不是不应该在他们面前表现得很快乐？直到这位姐姐哼着歌来迎接我，兴致勃勃地把我一一介绍给了住在那里的所有人，我才松了一口气。原来，只要做自己就好了。

我不知道该如何告诉小朋友们自己即将离开的消息，这位姐姐对我说："这个消息你得自己去告诉他们，如实告诉就行了。但你要知道，每个人面对离别和失望时的反应都不一样，有的人会哭，会生气，也有的人可能会毫无反应，但这不代表他不难过。"

我按照她的建议去做了，果然，小朋友们听到后表现出了不同的反应，与我相处最久的女孩（上文那个为了等我而不愿意去洗头的女孩）就只是安静地看着我，脸上没有任何表情。

东南亚姐姐说，如果我感觉非常伤心难过，可以随时找她聊聊，有需要的话，也可以为我提供更专业的心理支援。她说："这段关系是双向的，小朋友们需要去学会接纳生活中的变化，而你也同样经历要与一段关系说再见。"

毕业、找工作和搬家让我忙得晕头转向，我没有时间去细究自己的心情到底怎样。那位姐姐询问了我好几次："你还好吗？你感觉怎么样？"一开始我觉得她有些小题大做，心想："我可比你想象的要坚强很多！"后来她再问我时，我的内心开始有些松动。

以前我只关注自己有没有把该做的事情做好，忽略了关照好自己的感受也是很重要的一件事。为自己的人生负好责，才有能力给他人恰当的爱与关怀。不知道大家有没有注意到坐飞机时，安全示范中说的是"遇到危险情况时，在氧气面罩掉下后,先给自己佩戴好,再去帮助别人佩戴"。先照顾好自己的需求,才能照顾好别人。

有人认为,在一段亲密关系里,为对方好就意味着要"牺牲"自己的利益,去优先满足对方的需求。当你感到"牺牲"时,就会不由自主地期望得到补偿,产生"我为你做了这么多,你应该要爱我"的想法,这反而形成了干涉对方课题的思维。"牺牲"感越强烈,两个人的心离得越远。只有先活出自己的精彩,你才能分享光和爱给在乎的人。

1.2 构建职场人脉：健康生长的人际脉络

无论你现在正处于人生的哪个阶段，无论你知道什么，你都要明白，你所拥有的这一切都是你的思想、经历和那些你接触的人共同促成的，而那些东西或是你亲身所得，或是你通过书籍、音乐、电子邮件或你所处的文化间接得来。

——《别独自用餐》，
基斯·法拉奇（Keith Ferrazzi）、塔尔·雷兹（Tahl Raz）

布赖恩·费瑟斯通豪（Brian Fetherstonhaugh）在《远见：如何规划职业生涯3大阶段》中提到，职业生涯的第一个15年是为自己积累事业发展的"燃料"——丰富有意义的经历、多元持久的人际关系和可迁移的能力；第二个15年是找到属于自己的"甜蜜区"，在一个适合自己的细分领域深入发展。

布赖恩的这个观点给了我非常大的心理安慰，大家习惯于把30岁、35岁看作人生重要的分水岭，其实一切都才刚开始，更多的精彩还在后头。人生事业的发展远比我们头脑中设想的要长得多，在事业开启的初期，不必急着"定下来"。在精力充沛的时期，尽情地学习、尝试、拓展、跨界、经历失败，积极地活跃在不同的领域。

全心全意地去享受这段丰富多彩的探险旅程吧，这是一段令人兴奋、充满乐趣，而且是一辈子都会很难忘的时光。尽情享受的同时，别忘了用简单清晰的方式进行记录和梳理，让多元的探索更有条理和节奏。

初入全新领域，用 Excel 记录和梳理人脉

当你刚进入一个全新的领域时，会在一段比较集中的时段内，频繁活跃地进行社交。通过建立人脉，你可以快速获得相关领域的信息，比如行业里正在发生怎样的变革，下一步的趋势是什么，哪些公司处于主导地位，哪些公司正处在快速发展阶段，哪些人是行业翘楚，整个行业是依循着什么样的人际规则运行着的，等等。

刚搬到香港进入金融行业工作的前两年，我为了熟悉香港的生活方式，多认识一些同行，几乎每周都安排了社交活动（一对一的午餐和下午茶、小型酒会、正式论坛、被老板带着见客户、新朋友的生日派对、周末的爬山活动等）。这些社交活动帮助我快速脱离了"人生地不熟"的状态，积累了金融行业里的第一批"联系人"——有些后来发展成了感情很深的好朋友。

"联系人"是非常有意义的社交资源，也是构建职场人脉的基础。微信好友、同一个高质量微信群的成员、校友、各个组织或行业协会的成员等，都属于"联系人"。在聊天软件里有联系方式，或者是在线下活动中有过一面之缘、打过招呼的"联系人"，都有可能通过更深度的交谈和相

处，进一步发展关系，甚至成为共同成长的伙伴。

在快速拓展"联系人"的阶段，我会创建一个简单的 Excel 表来进行记录，以便后面及时进行梳理和跟进。

记录的内容一般有：

（1）基本信息：姓名、公司名称、职位名称、具体做什么、联系方式等。

（2）更具体的个人信息：比如对方正在进行的项目、研究领域、看的书、准备去哪里度假、兴趣爱好等，一些在聊天过程中让你有印象的信息。

这些信息，可以自然地成为你们下一次联系时的契机、开场白或者"借口"。你可以主动给对方分享可能有帮助的新闻、有价值的文章；带着好奇心去询问对方的旅行玩得如何；创造机会去讨论共同阅读的书、关注的话题等。人的记忆力没有那么牢靠，所以请别怕麻烦，记录下来。尤其是当你数日内密集地与十几个人见面，这种情况下很容易忘记或者弄混信息。建立良好的人际关系，需要你主动多用一点心。

（3）跟进信息：① 是否已发第一封邮件或者短信（Y/N）。② 是否收到回复（Y/N）。如果没有回复，计划再次跟进的日期（一般为一到两个月以后）；如果有回复，对方比较友善，显得挺愿意跟你多聊聊的，就提议见面。
③ 见面日期、进展。

....

现在每个人每天都在接收大量的信息，Excel 表格能够提醒你积极主动地跟进，而不是在忙碌的工作中被动回应。虽然现在线上交流越来越方便，但一定要争取线下见面的机会。面对面的交流能快速拉近人与人之间的距离，让你们的关系从"网友"升级为"朋友"。两次以上的见面会使得互相的了解加深，熟悉感增加，关系也有可能出现质变。

有很多好的工作机会是不会公开出现在招聘网站上的，行业里的一些"秘密"也不能在书里学到。无论是你在探索新的工作机会，还是想花点时间更广泛地了解其他职业的可能性，通过与不同的人交流，是获得面试机会和职业灵感的最好方式。

这样有条理地去构建人脉关系，可以帮助你拓宽视野，迎来更多元的生活/工作方式，并有条理地开始尝试新鲜事物。大约 10 年前，我开始利用周末时间更新微信公众号文章。那时自媒体行业的发展还处于早期阶段，并不像现在已经有了成熟的 MCN 机构（网红孵化中心），品牌的广告合作也没有流程化，甚至社交媒体平台本身也在摸索着商业规划。

当时，我为通过自媒体接触到的人脉列了几个表格，并起名"宇博成长计划"。因为做博主并不是我的最终目的，我是要以自媒体为窗口，去接触金融行业以外的世界，一个更大、更丰富多彩的世界。

"博主朋友"表格

- 博主（账号名称、姓名/称呼）
- 全职博主还是兼职？兼职的话，本职工作是什么？
- 居住地（以后去同一个城市记得约见面）
- 是自己做生意还是接广告？（及时分享相关的有用资源）
- 是否愿意互推？首条互推？次条互推？（在那个时期，博主之间可以通过互推的方式来增长关注人数）

....

"喜欢的品牌"表格

因为我对时尚及生活方式的品牌非常好奇且感兴趣，所以希望主动建立联系，去了解各个品牌以后的战略发展方向，并且看看有没有机会合作，或者有没有机会去参加有意思的活动。

- 品牌（名称 / 公司简介 / 创始人背景信息）
- 联系人（内部职位 / 中介机构）
- 针对中国市场的营销计划
- 我可以主动提议的合作方式

…………

"创业朋友"表格

当博主后，我开始接触品牌创始人，创业团队的成品也成了我了解创业领域的窗口。

我对他们的故事非常好奇，想要了解关于他们的一切——成长背景，如何开始创业的，创业后的工作/生活方式。我想通过自媒体的合作，深度了解他们是怎样一步步开展业务的。

每周末按时更新微信公众号，偷偷做"斜杠青年"的一年之后，我在摩根大通获得了升职，得到了去纽约总部培训的机会。那时我对个性鲜明的设计师品牌也越来越有兴趣，于是把表格里记录的位于纽约的品牌都整理出来，一一发邮件联系，希望能够拜访他们的工作室，听听他们对于中国市场的想法，我也表示非常乐意分享关于自己做社交媒体的一切经验。

有两个时尚品牌很快就回复了我的邮件，于是，在工作培训外的时间里，我与这两个品牌的负责人见了面，并且第一次收到品牌赠送的新款包袋，我兴奋地立刻拿出来背上身！我和这两个品牌后来还一起举办过线下活动，带着创始人在上海吃小笼包。

当时我总共给多少个品牌发了邮件呢？这个数字并不重要。很多时候你的主动并不会收到回应，这很正常。重要的是，你带着热情和真诚主动行动，剩下的，就随缘吧！

再后来，我利用周末或者假期，去上海、北京、深圳、广州等城市举办读者见面会，同时也邀约当地的博主朋友、创业者们见面交流。这些对我来说都是非常有趣的经历，这种新鲜感也让我的全职工作和私人生活充满了活力。这些经历让我根据兴趣和好奇心的指引，不断地探索自己真正热爱的领域，文章的内容也渐渐从时尚和职场拓展到心理学、个人成长、健康等方面。

在积累了一定的知识、人脉和基础经验之后，我终于有了足够的心理能量，决心辞去金融的工作，正式创立女性身心健康品牌"窕里"。

产品生产前期需要寻找、评估、了解、学习食品行业供应链，包括拜访工厂、拿样品、尝试打样、询价等，每一步都要有详细的追踪和反馈。创业过程中，公司进行了两轮融资，融资路演的过程通常是在 2—4 周内集中进行的，也需要详细规划和记录。一张张 Excel 表格，让我在实践中学会了拆解流程、追踪任务等工作技巧，也见证了我不断拓展新领域的成长。

用表格的形式进行记录和追踪进展，一切都呈现得清清楚楚，便于后期的查找和整合。最重要的是，在实现了阶段性的进展之后，表格里的信息也会提醒你，向这个过程中给予你帮助的人一一道谢，感谢他们慷慨地分享经验和见解，为你指明方向、链接资源，这些都不是理所应当的。你也会清楚地知道如何主动向他们给予力所能及的支持，帮助他们实现进一步的人生拓展。

建立健康有活力的人际关系

初次建立联系

如果你正在不同的领域进行多元发展,可以尝试用不同的身份去获得结识人脉的机会。以前去拓展金融行业内的关系时,我的博主身份(比起金融同行)反而更能让人产生好奇心,帮我争取到一起喝咖啡的机会。

如果你有属于自己的代表作,就直接让作品为你说话。你的作品会一目了然地告诉对方,你在什么领域工作,你关心什么,个人风格是怎样的。另外,通过共同朋友介绍认识的方式是最事半功倍的,尤其是如果介绍人具有一定的影响力,就已经是在为你"说好话"。

初次见面时,握手、打招呼、自我介绍、情绪基调等都会给对方形成深刻的第一印象。通过有意识的练习,你会渐渐形成自己的风格,在什么场合下都从容自信。不要急迫地去展示自己以博得对方的认可,带着好奇心去倾听和问问题会更好。第一次见面会不会互相喜欢,其中有着玄妙的成分,同频的人会自然地产生共振,而不契合的也不能强求。带着随遇而安的心态,诚恳地去交流,做自己就好。

保持联系，深入联结

很多人都说，和一个人加完微信，或者见过一次面之后，不知道要如何保持联系。保持联系这件事，要有意识地去做，也不要等到有需要了才去做。

（1）成为"专家"：让自己成为某一方面的"专家"，你就会不断散发吸引力和影响力，让别人主动来找你。发展自己真正感兴趣的爱好，比如我很关注健康环保的生活方式，同事会在健身后问我可以去哪里买健康午餐，朋友在去冲浪前会请我推荐对海洋友好的防晒霜，等等。就算是吃货，也可以成为朋友圈里的美食"专家"，大家不知道周末可以去哪里"探店"，朋友过生日不知道该带她去哪里的时候，能第一个想到来问你，这就是很棒的影响力。

（2）主动分享和给予：把你接触到的工作机会、商务资源、获得的有用信息、学到的智慧等，主动分享给适合的朋友。当你认真地了解对方的需求、做事和交友风格后，分享给对方的内容就是在展示你的认真和用心，这是建立信任的基础。

初入职场的朋友们，会更愿意广泛地涉猎各种机会，所以多多转发信息他们会很开心。而对于已经进入下一个职场阶段的朋友们,频繁的信息转发和拉群会是一种负担,你要帮他们做好筛选和评估。用你喜欢的方式组织聚会,让自己的好朋友们在有趣的活动中相互联结。

(3)表达+创作:虽然现在信息爆炸,但深度整理的信息,再加上自己的独家经验或见解,对于有需要的人来说是非常宝贵的资源。比如,把在巴黎的旅行经验整理成一个文档,当知道有朋友要去巴黎旅行或者出差时,就第一时间分享给她。我的一些博主或者设计师朋友对于公司管理、会计做账等事务比较陌生,于是我做了几个 PDF 文件,分享如何注册公司、开设对公账户、会计做账、注册商标等步骤和个人经验。这种分享和提供帮助的过程,也会让自己感到快乐。

给朋友转发一篇文章时,截图并圈线标出你觉得最棒的且与对方最有关的部分,会让对话更有心。当然,如果你愿意公开表达自己的观点,或者把创作的内容发布在社交媒体上,也会有意想不到的惊喜和缘分发生。

(4)随机的短信:如果你想到了一位朋友,就立刻告诉她/他吧!你突然想到一个人,有可能是宇宙发来的信号呢!我常常会发信息说:"hey(某某),我刚刚在(哪里),看到了(什么),就想到你了!记得你也很喜欢(什么)。

好久没联系了,就想来打个招呼!最近怎么样?"有几次这样突发的短信,让我和好久没联系的朋友重新热络起来,结果发生了一些不可思议的奇妙故事。

在写这本书时,我想到了在旅行途中遇到的朋友们,于是给在韩国、意大利、泰国的他们一一发了信息,说:"我现在在写一本书,正把我们当初如何认识的故事写进书里。谢谢你创造了那么美好的故事,希望一切都好。"也没有什么目的性,单纯地想要发送一些爱和感恩的信息。

(5)共同创造:主动邀请朋友一起做个小项目,比如共同录制一期播客、直播连线对谈、一起组织一个读书活动……多年前,我邀请身边的好朋友一起拍摄时尚照片,分享她们的人生故事,并在微信公众号上发布。这是我和朋友之间非常有趣的经历,而这个"闺蜜系列"也成了我微信公众号上的一个招牌主题,受到了很多读者的喜爱。

邀请朋友共同创作,邀请本身就表达了你对她们的欣赏和喜欢。创作过程不仅充满乐趣,你们都因此获得了一件作品,还创造了彼此深度了解并建立信任的契机。你也可以邀请朋友参与有意义的活动,比如通过跑步为弱势群体募捐,为流浪狗寻找新的领养家庭。朋友之间不仅仅是互惠互利,还可以共同为世界创造更大的价值。

一个健康有活力的人际脉络是会自己"生长"的，你的朋友们会开始互相认识，关系慢慢相互串联起来，并逐渐延展，形成一个复杂多元的脉络。"生长"不仅代表着扩张，交往的人并不是越多越好，"生长"包括了"深入扎根"和"新陈代谢"——在快速拓展人脉的阶段之后，有些关系会逐渐加深，有些人会渐渐失联。建立深度联结的关系，需要一些缘分和用心的经营，并且要经历很长时间的共同成长。踏踏实实地做好手上的事情，摘掉面具去真实地做自己，这些会让你形成个人特质，养成你的个人磁场，为你吸引同频的人。

有时候人与人之间有很真挚的感情，并不需要频繁的见面相处。只要基于共同的价值观和愿景，并知道对方一直在为此努力就够了。双方抱有尊重、珍惜、感恩的心态，感情是会一直维持的。

1.3 延展职场人脉：人际生态里的生命力

你能成为什么样的人，只要看看你周围的朋友就可以了。所谓"物以类聚，人以群分"，我们心之所往就会通过我们的行为表现出来，我们的心性会让我们结识适合自己"口味"的朋友，而他们的能力和情绪也在潜移默化地影响着我们。

——《一生的财富：洛克菲勒给子女的68个人生忠告》，约翰·D·洛克菲勒（John D. Rockefeller）

你周围的环境是你能持续生长的关键，把自己想象成一棵小树，你的周围有肥沃的土壤、充足的阳光、适量的雨水、授粉的蜜蜂，青蛙正在吃掉害虫，其他动物在制造肥料。从自然的角度来说，一个好的生态系统通常是稳定、平衡、丰富多样的，其中各种生物之间能够和谐共生，环境资源能够得到充分利用而不致耗竭或污染。

置身于工作环境中，围绕着你身边的所有关键人物与团体，共同构成了你的职场人际生态。一个人能持续地成长，不可能只凭个人的聪明，或掌握了某项技能，一定是处在一个富有能量和资源的生态里的——有上司的支持、同事的协作、导师的指导、行业资源的积累、各种人脉带来的契机等。

如果经历了意外的变故、挫折、损失，一个健康的人际生态环境，往往能给你一个安全的栖息之处，让你有足够的空间可以清理心中的困惑，并且提供能助你重新开始生长的养料。作为这个生态系统中的一员，你也要为生态的丰盛和多样带来独特的价值，也要为其他成员源源不断地输送支持的养料。这样大家都能互相支持，互相滋养，共同繁茂。

人际生态中的重要角色

信赖的职场导师

导师通常是行业里的前辈,他们乐意分享自己的经验和见解,并为你的职业发展提供指导和建议。初入职场时,你的上司很有可能成为你的第一位职场导师,教你做事的方法,给你提供成长的机会,并及时提携你。

不同类型的导师会给你带来不同的成长动能:技术型导师,会教你如何把工作做得更好,告诉你行业的运行机制,当你遇到问题时帮你出谋划策;智慧型导师,能够一句话就把急得团团转的你点醒,提升你的意识维度,带你看见更广阔的世界;榜样型导师,已经活出了你所向往的状态,他的存在就已经带给你鼓舞和动力,当你遇到挫折时,会去想他会怎么做。

比尔·博内特(Bill Burnett)和戴夫·伊万斯(Dave Evans)共著的《斯坦福大学人生设计课》中写道:"如果能够找到某个人,既可以给你有益的引导,又能让你头脑清醒、心态稳定,那么你就拥有了一笔巨额财富——这就是导师的作用。"

在职业生涯中，能获得很棒的导师需要用心与缘分。缘分在于，也许你和前辈之间有一些共同点，前辈看到你就仿佛看到过去的自己，就会更有意愿做你的导师。缘分是不能强求、不能假装的。用心则是你可以做到的，比如向前辈提问前，先做好全面的功课；及时提供反馈，通过邮件、信息向前辈道谢，并且让前辈知道自己上次给予的指导，真的帮助到你了；时不时地向前辈汇报自己的进展，让他看到你一直在成长，也可以去进一步提问。就这样，在不断地交流和互动间，前辈会对你的职业发展越来越关心，师徒关系慢慢就形成了。

任何一段关系都是双向的，不是只有被帮助的一方受益，前辈也可以在帮助你的过程中得到成就感。你进步越大，前辈的成就感越强。我也是多位年轻女性的职场导师，她们的提问，或者帮助她们解决问题的过程，也给了我机会去不断反思已知的东西。你也可以主动与导师分享最新的资讯，利用自己的技能帮导师做一些事，有时候也不仅仅是工作上的，比如你曾出国留学就可以给导师提供一些独家旅游攻略，等等。

导师的建议是非常宝贵的，但记住你不需要100%照着做。每个人都会根据自己的人生经历，总结出相应的规律和结论。导师的做法也许曾经适用于他,但对你来说不一定是最佳方案。而且,行业的兴衰和结构一直在发展和变化,职场规则也正在发生剧变,比如女性的职场话语权、对于职场边界的理解、沟通习惯的变化等。你和导师最终追求的人生目标如果不同,那么你们不会走一模一样的路。

导师的经验和指导,可以帮助你打开思维,梳理你自己的想法,并给予你精神上的支持,最终你需要结合自己的状况做决定,走好自己的"下一步"。

赞助人/贵人

如果说导师是提供指导和教育的前辈,那么赞助人则是提供资源支持的人,我们也常常称他们为"贵人"。贵人通常在行业里已经获得了一定程度的成功,他们支持你、推荐你,用自己的地位和声誉为你引荐机会和资源,或者直接给你机会和资源。

你的导师很有可能会成为你的贵人,因为他们教导过你,对你的成长和潜力更加了解,也更乐意看见你获得进一步的发展。我第一份工作的上司通过他自己的同行人脉,引荐我去摩根大通面试,应聘那个职位的首轮面试名单上有 5 个人,我是其中 1 个。我在大学实习时认识的项目经理，一路看着我读研究生、毕业、找工作。后来我开始做自媒体，恰好他也成了文创领域的投资人，我们常常讨论与自媒体相关的创业机会和项目。当我决定创业时，他成了我公司的第一位投资人，一路给予了我极为重要的忠告、建议和指导。

也有很多时候，与贵人的遇见是在意想不到的情况下发生的，也许对他来说是举手之劳，却可能成为彻底改变你人生的重要机会。在刚开始做博主的时候，一个偶然的机会我认识了一名时尚行业的高管，她邀请我参加纽约时装周的秀场活动、品牌举办的媒体宣传派对，把我介绍给很多时尚行业的潮人。在我还是一名"周末博主"的时期，这些经历对我来说是不可思议的，仿佛"爱丽丝梦游仙境"般奇妙。

贵人并不是带有目的和计划地去找就能找来的。你能做的，就是尽情去做自己喜欢的事情，沉浸在踏实做事的过程中，你想要去探索未知的热情，会为你吸引来愿意帮助你、提携你的人。

"贵人缘"这个词，比起"好运"而言"缘"字里暗藏了一些不可言说的东西，缘分并不是纯粹的随机，还带着一种命中注定的意味。而贵人为你提供巨大的支持，往往不带有交易性或是要得到回报,这也是"贵人缘"的珍贵之处。

关键同事

这里的同事是共同做事的意思,指的是一种协同合作的关系,并不涉及职位的高低。你的关键同事,也许会是上级、下级或者同级,他们构成了离你最近的职场人脉。当然不仅限于坐在身边、会天天见面的同事,其他部门的人都在此范围内。如果身边能有几位互相欣赏、聊得来又能共同成长的同事,你的职场幸福度会大大提高。

入职初期,如果你感觉自己不太适合当下的职位,但对整个行业又不熟悉时,最简单的探索方式就是去搞清楚其他同事具体在做什么。可以依照公司的架构去了解各个部门、团队、人员的具体业务、工作状态等。在这个过程中,你会得到更加宽广的行业认知和灵感。如果你发现了更加适合你的领域,可以与相应的同事保持友好的联系,当公司内部有调动机会时,你就能更好地把握住;或者也可以通过对方,多接触相应领域的外部人脉。

你可以主动为周围的工作环境带来活力和正向影响。记得以前同事间举办"健身减脂"比赛,看在3个月内谁的体脂率下降最多。我承担了健康饮食的科普员和监督员的角色，分享减脂饮食内容，为大家提供健康餐厅的选项，中午为同事带健康餐回办公室。连从来没有运动习惯的同事都被感染了，开始每周慢跑。你的活力、热情、可靠不仅会在工作表现中展示，也会在朝夕相处的一点一滴中被同事记住。

你知道你的同事是如何看待你的吗？这里并不是在讨论八卦，而是说，他们是否认可你的能力，信任你的为人？他们会为你进一步的职业发展提供支持和帮助吗？

如果你决定在同一个领域创业，你的同事会愿意加入你的团队吗？你的手下会愿意跟随你吗？（当然是在不违反竞业条款的情况下，另外，这里探讨的仅是意向。）如果你决定追随自己真正的兴趣，比如成为一名瑜伽教练，或者开一家餐厅，你的同事会成为你的第一批客户吗？

还在金融领域工作的时候，我与几位也在利用周末时间探索其他领域的同事关系最为亲密。他们当中有尝试做家居品牌的，有做社交活动策划的，还有一位开发了为教培机构提供服务的软件。我们的年纪差不多，有着一样的热情和野心，常常聚在一起讨论各自做的事情有什么新的进展和困难。如果没有他们，我不知道自己是否有足够的勇气去开创新的领域。

你的人才（专家）池

你身边是否有不同领域的专家？他们不仅可以拓展你的视野，为你带来认识世界的不同视角，也可能在你开展相关领域的新项目时为你提供专业支持。

当你成为一名领导者，能够持续吸引人才是一项不可或缺的能力。平时就要有意识地去积蓄你的人才池，关注你合作过、帮助过、指导过、付过费（比如为你做过事的自由职业者）的人。在他们眼里，你是不是一个公平、慷慨、值得信赖与追随的人？如果你需要招募人才，他们当中谁会加入你？

超级链接人（superconnector）

有些人的工作属性会让他们认识大量的业内人士，甚至可以毫不夸张地说，行业里每一个人的联系方式他们都有，他们就是职场人脉里的"超级链接人"。他们有可能是行业论坛、社群的组织者，或者工作本身就有对接资源的属性，赚取成交佣金，比如猎头、财务顾问、产品经纪人等。

如果你想结识什么人，身边有熟悉的朋友当引荐人是最有效的方法。但如果没有合适的引荐人，"超级链接人"也能为你提供对方的联系方式。平时与"超级链接人"保持联系，主动帮他们拓展人脉和信息渠道，并成为他们资源库的一员，这会帮你们的关系打下健康的基础。

把所有角色都反过来

上文提到的人脉关键角色，都会为你的成长持续输送养料。作为人际生态中的一员，你也要不断地为整个生态提供价值，即把所有的角色都反过来。你也要去做别人的导师、别人的贵人、别人的专家、别人的关键同事、别人的人才、别人的"超级链接人"，将你得到过的指导、爱、支持、帮助、理解、欣赏，都成倍地回馈出去。

任何一段深度联结的人际关系，都是会动态生长的。你们互相之间扮演的角色会发生改变，相互的联结会越来越深。记得六七年前在一个女性职场论坛上，我认识了一名学习艺术管理专业的女孩，从此一直是她的职场导师，辅导她求职面试、职场沟通等。与此同时，她也成了我学习艺术和创意领域的启蒙老师，我们渐渐地在生活中也变成了无话不说的好朋友。这是一段亦师亦友、互相滋养、一起成长的深度关系。在深度关系里，"有用"不是前提，发自内心的欣赏和在乎才是基石。

有时候，你会感觉一些关系慢慢疏远了，也许许多年之后你们又会重新联结起来，可能也不会，这都没有关系。那些陪伴和支持你走一段路的人，都源于命运的馈赠，你只要感恩就好。

从交易到合作，从共赢到共创

金融领域有个词叫作交易对手（counterparty），指的是参与交易或合约的另一方。"交易"和"对手"这两个词在一起，就给人一种互相防御的感受。就好像当老板和员工站在对立面时，老板会想要员工在工作上投入更多的时间与精力，而员工则想着上班时间如何更好地"摸鱼"，于是没有一方能长远地获利。

身心没有敞开的人，跟谁互动都带着目的性，脑子里一直在评判和算计：这个人是"大佬"就要去讨好一下，那个人"只是个打工的"就不要在他身上浪费时间……一个人的心念是会通过无形的气场映射出来的。我记得小时候听人说，如果一个人总是在心里去算计利益，那他眨眼睛的样子都会像是在打算盘。这个比喻太形象了！

有人会说，人际关系里"吃亏是福"，需要"前置付出"，这样的说法也是带着交易的心态，只不过把周期给拉长了。如果觉得前面做的事情都是在"吃亏"，那必将想在后期得到"弥补"。

当一个人站在你面前时，你第一想到的是利益，还是这个人呢？人脉的本质是"人"，而人与人之间最好的联结，是信任、尊重和爱。试着与你面前的人站在同一边，而不是对立面，把每次和人互动的机会，都当作是跟他人分享慷慨与富足。这样，合作关系就会"水到渠成"，你也不需要花费太多精力去刻意维护这段关系。

我们常常说要"谋求共赢"，意思是双方都要获得利益。如果我们能培养一种眼界——不只考虑双方的利益，而是能从更高的层面来看，从共赢到共创，看见一个更为广阔的共同体，不仅是人类的共同福祉，还包括了未来世界的所有生命。这样，就不容易沉溺在眼前的个人利益里了。

1.4 周围人的优秀，会让你焦虑吗？

当你对外在事物有了自我认同，便不在去欣赏它们的本来面目，因为你是在它们身上寻找你自己。

——《人生不必太用力》，埃克哈特·托利（Eckhart Tolle）

放下"比较心态",不再争做"人生赢家"

第一名只有一个,被别人得到了,自己就不可能是第一名了。98 分是非常高的分数,可是有的父母得知班上有人得 100 分时,他们可能就不会那么高兴了。

我们必须通过竞争的方式度过小学、中学、大学。慢慢地,在我们的心里根深蒂固地形成了这样的信念:人和人之间都是可以用一种简单的标准进行比较的。当有人比你好的时候,你就"不够好"了,而那个更好、更优秀的人,会得到更多的偏爱。

阿德勒在《自卑与超越》中写道:"在他们整个求学生涯中,对竞争意识的强化也会一直在持续。"看到别人幸福,会莫名地产生一种"我要比她更幸福"才能证明"我足够幸福"的心态。可是,在现实生活里,幸福和成功并不是"零和博弈"。别人的幸福,并不会让你的幸福减少;别人获得的成功,也并不会让你变成一个失败者。

幸福和成功不是有限的,你不需要从别人的手里去争去抢,只要你也去创造,你就能得到属于自己的幸福和成功。

当你把周围的人(以前的同学、差不多年纪的亲戚、身边的同事等）看作你的竞争对手时，就等于选择了"限制版"的人生。你会去看别人在做什么、获得了什么，于是你也要去做去获得一样的东西。这是模仿，而不是创造。如果你选择了一个或一群类似的竞争对手，那你就等于给自己限定了"游戏"玩法和规则，把自己圈在一场有限游戏里。

李欣频的《与黑天鹅共舞》中说："很多跑得快的人，只知道要跑赢别人，但不知道自己要跑去哪里，等于被竞争挤出了自己的生命跑道。"如果你模仿别人的人生，那你自己的人生呢？当你忙着关注别人、议论别人时，其实是浪费了可以用于关注自己、了解自己的时间和精力。请把你的注意力和心思都收回来，聚焦在自己身上，想一想："我是谁？""我喜欢什么，擅长什么？""做什么事情的时候我最开心，什么时候我感觉无聊？""我想要怎样过一生？"……

去探索、弄清这些关于自己的问题，你会发现自己是一个独一无二的存在——你有自己的热爱、自己的特点、自己想要拥有的生活与未来。当你越独家定制自己的生活，就越不容易和别人比较。你会专注地去做自己想做的事情，全心全意地把自己的生活过得富有乐趣和创造力，自然而然地为这个世界带来爱和美好。这时,当你看到其他人的成就和光芒时,就不会觉得自己"不够好",而是能够由衷地欣赏他们,为他们鼓掌。

日常随口说的话、用的词,都在潜移默化地塑造和强化我们的人生信念。社交媒体上,一个成功人士会被称为"人生赢家"。赢家——是赢了谁呢?评比规则是什么呢?谁又是输家呢?现在很流行把自己选择的职业或者创业方向称为"赛道"——是在和谁比赛呢?这比赛的跑道又是哪来的呢?谁又是裁判呢?

"比较心态"源于内心的不安,因为看不到自己的存在价值,就想要靠做成一些厉害的事情去降低那种无价值感。想要证明自己比别人优秀,就会试图找到别人的缺点去批评,或者抢占能证明自己的机会。恋爱关系也一样,有人说自己慕强,那这就不是真的喜欢。当双方都在急于展示自己的优秀时,就不可能看见真实的彼此。

情绪是很好的提示。当你感到优越或者自卑时,说明你在认同某一种评判体系,这会是一个很好的契机——能看清你心底的自我评判体系到底是什么。当你看到别人的成就,感到羡慕或嫉妒的时候,退一步思考一下,那件事是你真心想做的吗?还是你只是想要那个头衔/成就所带来的光环和赞美呢？如果你是真心想做那件事，你会把那个人当作你的榜样和导师，而不是竞争者。

当你不再只盯着输赢，就会开始懂得享受过程——拥抱每一段经历中所有的感情和体验，无论是快乐还是痛苦，并抱着感恩的心态。享受登山的人，并不是在登山过程中的每一分钟都感觉舒适和快乐，也会伴随着累且煎熬。所有的行动和感受构成了一段完整的体验，在这些丰富多元的体验中，才能慢慢拓展对这个世界的认知。要用你原创的人生，诠释属于自己的生命意义。

投射：你看到的别人都是自己

在心理学里，投射是一种很常见的心理防御机制，一个人会把自己的内心状态（比如自己无法接受的想法、情感、欲望、冲突等），像投影仪一样映射在外部世界或者其他人身上。比如一个人会将自己内心的愤怒投射到别人身上，认为是别人对他不友好的行为才引起了他的愤怒，而实际上这种愤怒源自他的内心，与别人无关。

当你想要责怪或评价别人的时候，先暂停一下，很多时候你对别人的看法是你内心世界的一面镜子。以前我看到别人打破了既定规则，快速进入到一个新的领域并获得成就时，我会下意识地质疑他的成就是不是真的经得起考究。我自己在获得赞赏和成就时，也会感觉自己是个冒充者，害怕别人揭穿，这就是典型的"冒充者综合征"。我总会下意识地评判一个人是否"配"做这件事，是否"有资格"，这其实反映了我自己内心的不配得感。当我看到别人在玩乐时，就会想知道对方的背景是什么，有没有获得什么成就，这其实反映了我内心的限制性信念——在还没有获得世俗成就前，不配去享受生活。

如实观察你是如何评价别人的，这很重要，因为你也会用同样的方式评判自己。你跟别人比较的地方，正是你不接纳自己的地方。你遇到的每个人，都在帮助你更加了解自己，以及提示你你是谁。你对别人的每一个评价，都是认识自己的契机。

但当我真正地接纳了自己，认可了自己，我也就不再用同样的方式质疑别人。如果对方身上有什么是你一直希望得到的特质，那就通过行动来获得同样的特质，到时你们会成为同频相吸的朋友，而不是竞争对手。

从 peer pressure 到 peer pleasure

史蒂夫·帕弗利纳（Steve Pavlina）在《聪明人的个人成长》里写道："人生中最快乐的事情之一，就是能够与其他人进行真正清醒自主的高质量交流。放下自我，放下偏见，放下各种技巧；彼此真正愿意和对方建立联结，最终实现学习和成长。一旦你体验过这种完全开放、充满热爱的交流，就很难再接受其他虚伪的交流了。"

刚开始做自媒体没多久，我就认识了几个刚创业的女性朋友，从此开启了近 10 年的深度友情。她们给了我一个窗口去看金融行业以外的世界，让我知道原来这个世界是如此之大，事业有那么多的可能性。她们也让我看到什么是坚韧的品格，给了我冒险前进的勇气。她们是我"纵身一跃"时的防护网，在我遇到困难时不仅给予实实在在的帮助，还有无条件的支持与爱。

记得刚辞职的时候，我一边兴致勃勃地想要展开新生活，一边则经历着非常难熬的适应期，生活习惯和工作状态的突然变化让我一下子失去锚点。有一天我和好朋友见面，我断断续续地试图去描述这种矛盾的、无法说清的感觉，餐厅里的音乐放得非常大声，我扯着嗓子说："我不是后悔了,我一点儿都没有后悔!我知道这是我想要的,我都已经选好了,但还是会觉得很迷茫。不知道有没有人能懂我在说什么。"我烦躁地揉着头,她红着眼睛看着我,说:"我懂。"

我突然就放松下来了。那时的我其实并不需要多励志的道理,或者什么厉害的建议。这一份理解让我确定,我不是一个人,就已经足够了。

我非常感激身边有这样一群共同成长的伙伴,这么多年来,她们的真实经历让我知道,无论你在什么行业,无论在外界看来已经获得了多大的成就和光环,只要还在不断拓展成长边界,就会经历迷茫。她们的人生故事拓展了我对这个世界的理解和认知,在共同成长的时光里,仿佛也让我体验了不同的平行世界,我的生命体验也因此更加丰富有层次。

有一个理论说,你是你身边最亲密的 5 个人的平均值。周围人的优秀,不会给我带来任何紧迫感或者不安全感,我只觉得自己很幸运,能成为她们的平均值。

1.5 情商就是做好沟通和情感表达

> 任何人都会生气——这很简单。但选择正确的对象，把握正确的程度，在正确的时间，出于正确的目的，通过正确的方式生气却并不简单。
>
> ——《伦理学》，亚里士多德（Aristotle）

什么是情商？

第一次听到"情商"这个概念时，我以为它指的是一种通晓人情世故的能力，后来读了丹尼尔·戈尔曼（Daniel Goleman）撰写的《情商》这本书，才明白"情商"指的是情绪智商，情商始于自我觉察（在情绪出现时识别情绪的能力），而管理（并非压抑）情绪的能力，是在自我觉察的基础上培养的。因此，网络上那些所谓的高情商回复更像是脑筋急转弯，很具有娱乐效果，却与真正培养情商没有什么关系。

在职场上，我们以前总被教导不要去感受情绪，只要专注于解决问题和完成任务；也不提倡同事之间表达情绪，最好仅沟通工作事务。因为女性更容易被贴上"情绪化"的标签，所以我曾对表达不满、生气等情绪非常谨慎，而身边的男性倒是能更自如地表达他们的不高兴。

丹尼尔的研究表明，感受并恰当地表达情绪，对于发挥职场影响力，并成为一名成功的领导者来说至关重要。情绪力是一项重要的"元能力"，是有效沟通并建立人际关系（不论是在职场上，还是在私人生活中）的基础。情绪力包括对于情绪的感知、理解和表达。

（1）感知：意识到情绪的存在，不带评判地如实观察。尊重情绪，允许情绪发生，别对自己说"我不应该有这种感受"。

（2）理解：区分各种情绪感受的差别；看清情绪来自当下发生的事情还是过去的遗留问题；了解自己内心真正的需求是什么。

（3）表达：当我们完成了对情绪的观察、感受、理解，就能自然而然地采用恰当的方式，去说出自己的感受和需求。当你学会接纳、理解和包容自己，就能和自己相处得很好。你也会因此拥有共情能力和同理心，能更好地与他人沟通和联结。

感受永远都不会是"错"的，用表达自己的感受（而不是指责对方）来开启一段沟通对话，可以创造一种善意的流动。比如，尝试去说"两天没有听到你的消息，我感觉被冷落了"，而不是"我就知道你一点也不在乎我"，看看接下来对话的发展会有什么不同。一旦我们在心里做出草率的归因，在开口沟通前就有了预设，就会很难真正互相理解。

情感的滋养与能量

比起情绪，情感是更加持久和稳定的感受。人与人之间亲密的、具有支持性的情感互动，能让彼此感受到爱、友谊、尊重、信任等。情感是复杂而丰富的，我不喜欢标签化地将情感关系划分为亲情、爱情、友情，等等。在一段很棒的亲密关系里，你会同时感受到亲情、爱情和友情。创业过程中，我与合伙人之间的感情，已经超越了友情，还有战友情，甚至亲情。这些丰富和有意义的情感体验，为我们提供了源源不断的精神能量。

缺乏情感滋养时，人会变得倦怠、麻木、急躁、冷漠、自卑、沮丧、忧郁、嫉妒……拥有情感滋养时，人会表现出热情、快乐、期待、平和、信赖、包容、理解、耐心、自我接纳……

吉姆·洛尔（Jim Loehr）在《精力管理》中提到这样的观点：一个人全身心的精力不仅仅存在于体力和脑力的层面，情感层面的精力也非常重要，但往往被忽略。与家人和朋友互动中产生的情感滋养，会为我们带来充沛的精神能量，这也会转化成工作中的动力和创造力，以及面对困难时的勇气和信心。书中写道："所有能带来享受、满足和安全感的活动都能够激发正面情感。由于人们兴趣各异，这些活动可能是唱歌、园艺、跳舞、亲热、练瑜伽、读书、体育运动、参观博物馆、听音乐会，或者仅仅是在忙碌的社交之后静坐自省。"

工作时，我们习惯把自己工具化，戴上面具，或者只用一个比较狭隘的身份参与人际关系。其实，在公司里如果能与几个同事建立具有支持性和安全感的关系，可以有效减少工作倦怠感。被滋养的情感还能让我们不那么容易沉迷于购物消费，或刷短视频等。

深入的交流

《深度关系》里说："有时，你渴望能有更深刻、更有意义的联结，但你并不总是知道该如何建立这种联结。自我表露可以让他人更加充分地了解你，这是建立深度关系的关键。真实的自我被他人接纳，是一种极大的认可。"

深入的交流，不是流于表面的闲聊和寒暄。我们和家人的交流虽然很频繁，但常常只是在"吃饭了吗？"这样的日常事务层面。我们需要父母的爱和支持，却经常对他们的询问表示不耐烦，是不是值得检讨一下呢？交流—了解—接纳是一个正向的循环，下次可以尝试主动打开心扉，分享一点私人的经历和内心底层的感受，看看会不会有不一样的体验。

把经历的喜悦、悲伤和挑战分享给一个你信任的人，你们彼此的内心会产生情感的共鸣。当获得理解和接纳时，你会感觉自己正被这个世界温柔而又深刻地爱着。交流是双向的，通过倾听和共情，你也可以把这份被爱的感受带给对方。

坦诚地去表达自己的情绪和感受，意味着更少的隐瞒和压抑，这对于身心健康也非常重要。罗兰·米勒（Rowland S. Miller）在《亲密关系》中也写道："与那些只是肤浅地闲聊的人相比，能触及人性的深入交谈和彼此敞开心扉的人更加健康，对生活也更为满意。"

表达欣赏和喜欢

我的第一份工作是在一家法国公司，通过同事又认识了一群常常在一起玩的法国朋友，看到他们之间是如何大方地赞赏，用拥抱和语言表达对互相的喜欢。我被这种亲密与美好的情感流动所感染，也开始向身边的朋友们大声又直白地表达我对他们的喜欢和欣赏。

每当我看到朋友的善良、勇气、才华、美丽、帅气时，我就会直接告诉他们。我想让他们知道，每次与他们的交流相处，对我来说都是一种精神滋养。我完全不吝啬对他们的存在表达感谢，让他们知道，他们的存在让我的生命更加美好。在表达时，我会为自己能拥有这样的朋友而感到非常幸运，内心也充满幸福的感受。

欣赏和感谢的英文是 appreciate，有趣的是，appreciate 也有（资产）升值的意思。当你表示欣赏和感谢时，你会让这段关系的价值也大大提升！

《亲密关系》中提到，"有一种自我表露你绝对应该积极地勤加练习：告诉你爱的人你爱他。你诚实表达的钟爱、关心、温情和呵护对于想亲近你的人都是巨大的奖赏"。有人可能会说这并不适合中国人，我们的传统文化比较含蓄，不习惯直白的表露。但不习惯不代表不喜欢，事实上很多年前，我就开始与父母常常拥抱，并说"我爱你"。一开始可能会因为不习惯而感到害羞，但没有人会不喜欢自己的存在得到认可、不喜欢听到爱的表达，所以大胆去说吧！

总有人需要迈出主动的第一步，去推动交流的发生，那这个人为什么不能是我们自己呢？也许其中存在着被拒绝，甚至被误解的风险，但能创造出的爱也是无限的。

表达脆弱

我们之所以不愿意展现内心的脆弱，是因为我们想要一直表现出很强大的样子，害怕稍稍示弱就会失去掌控地位。但脆弱并不是软弱，表达脆弱代表了真实和无条件的信任，就好像小刺猬信赖你才愿意把柔软的肚皮露给你。

当别人问到我创业的心路历程时，我通常会说一路学习到的经验和获得的成长，而只有对亲密的朋友，我才会袒露经历过的迷茫、伤心和挣扎。承认自己并不是那么强大，表示你接纳了全部面向的自己。表达脆弱，意味着你愿意向对方敞开胸怀，并愿意接受帮助，当你接受对方的支持和安慰时，你们的关系也会变得更亲密。

要注意的是，表达脆弱与抱怨是截然不同的——表达脆弱基于真诚和信任，是有关自己内心深处的情感；而抱怨通常是习惯性的行为，是基于外部原因而发泄不满。如果一个人总是在抱怨，身边人都会想离他远一点，而不会持续提供实在的帮助。

沟通的道和术

我以前认为沟通的能力等于说话的技巧,其实沟通远远不止说话那么简单。沟通还包含了感受、觉察、理解、倾听,最后才是运用恰当的语言把想说的话说出来,这些都与情商有关。

一段完整的沟通过程,有语言与非语言的多重互动,所以组织语言只是其中的一部分。比起巧舌如簧的人,一个嘴巴笨笨的人也能用自己特别的方式,去表达想法和情感,甚至还会给人更真诚的感觉。

有人认为高效沟通是专注于讨论出最佳方案,殊不知一种急着要快点解决问题的态度,反而会让人错过触达本质的机会。双方都愿意用客观平和的态度去全面理解对方的意思,是沟通的核心基础。在一段沟通当中,把更多的精力和时间用于理解,反而能够更好地解决本质问题。用心去理解很容易让问题不再是问题。很多关系里的感情问题,其实是沟通问题。

复述是一个简单有效的沟通小技巧,强烈推荐大家试一试。通过复述对方刚刚说过的话,让对方知道你确实用心在听,同时也能检验和确认你的理解是正确的,比如

"我明白了，你刚刚说的……意思是……"。当对方感觉到自己的话在被认真听，自己的想法是被在乎的，那接下来的交流也会更加顺畅。

现实生活中，我们也会看到这样的情况，有的人通晓沟通技巧，于是知道要进行复述，但机械性的重复反而会让对方感到不悦。如果你是真心诚意的，那技巧会让你的真心更好地展示出来，不至于造成误解；但如果你的心念是敷衍的，那技巧只会放大这种敷衍。

倾听是超越语言的沟通。倾听是为了更好地理解，也是给对方无条件的关注和接纳。草率地听，通常是已经有了先入为主的想法，只听能够验证自己想法的部分；或者在对方说话时，脑中只想着自己应该如何回应，才能显得自己很聪明、很厉害。这种情境下，再有技巧地去展示自己的魅力，也不一定能让对方动心。

倾听蕴含着强大的力量，有时候你能与一个人产生强烈的联结，并不是因为你一下子说出了对方的心里话，而是你的用心倾听。电影《阿凡达》里的纳美人在表达最深的爱时，说的不是"I love you"而是"I see you"。这不仅仅指从眼睛里看见（see）你，还意味着如实地看见真实的、完整的你，进而产生懂得、理解和深深的爱。用心倾听，能更好地看见对方。

　　作为倾听者，并不总是需要表达出自己的想法。有时候倾诉的人只是需要在一个安全的环境里，把自己的想法诚实而又完整地说出来。倾听并全然接纳对方的感受，就已经能够给予对方非常强大的情感支持。

1.6 让幸运变成一种生活方式

"为了向你证实一个简单的真理。"炼金术士回答,"当巨大的财富就在我们眼前时,我们却从来都觉察不到。你知道为什么吗?因为人们不相信财宝存在。"

——《牧羊少年奇幻之旅》,保罗·柯艾略(Paulo Coelho)

我一直觉得自己是一个非常好运的人，经常遇见不可思议的机会和体验，这也是为什么我的公众号叫作"juju | serendipity"。"serendipity"的意思是意外发现新奇事物和智慧的天赋，与美好不期而遇、易遇奇缘的运气。这个词是英国作家霍勒斯·沃波尔（Horace Walpole）在 1754 年的时候，根据一个古老的波斯童话故事《锡兰三王子》（*The Three Princes of Serendip*）创造出来的。故事里，三个锡兰（现在的斯里兰卡）王子踏上冒险之旅后，靠着敏锐的观察和推理，总是能在不经意间发现美好的事物、有价值的珍宝、获得意外的好运，最终成功地化解他们面临的危机。这个词也被翻译成"不期而遇的美好"，但我觉得这个翻译忽略了故事中的一个重要情节，锡兰王子们是在一段探索冒险的路上，并靠着他们的感知力和洞察力来发现这些美好之物的。

很多人都曾告诉我不知道这个词怎么读，是什么意思，劝我改一个更利于传播的名字。我也反复思考过，但依旧找不到另一个词语可以更加贴切地形容自己的生活状态和人生哲学，于是这个名字沿用至今。

好运心态，每一天都感觉自己很幸运的活法

其实，"觉得自己很幸运"是一种主观感觉，没有任何门槛，也不需要任何专家或者权威机构去"允许"你觉得自己好运。没有任何人可以对你说，你的爸妈不是百万富翁，你的事业还没有成功到行业顶尖，所以你不能觉得自己好运！

怀着感恩的心境，就会发现我们每一个人都已经足够幸运。我们拥有的一切，那些最基本的东西，比如水、食物、健康的身体、上学的机会、父母的照顾、安全的环境……这些都不是理所当然的。

但有很多人对自己拥有的东西视而不见，也认为自己得到的机会都是靠主动争取和努力换来的。比如，与学校的教授发邮件讨论课题并建立联结，或者和行业里的前辈发信息去争取一个机会，当得到回应甚至无私的帮助后，都归功于自己的主动和努力。

他们只和自己认为有用的人交往，哪怕意外地获得一个大好机会，也往往会想这个人是不是有目的，自己是否能在将来回报他。凡事都用"利益交换"的眼光去看待的话，当然不会觉得自己幸运！甚至得到了在别人看来是超

幸运的"礼物",也认为这些"还不够",不够多,不够好,想着如何才能获得更多。

而感觉自己很幸运的人,并不只是天降贵人,或者中了彩票时才会觉得这是幸运,他们能在平凡的一天中,感知到他人的善意,看见善举。甚至是在餐厅吃饭或者打车时,如果获得了好的服务,也不会只觉得"我付钱了这是应该的",他们会由衷地感谢他人提供这么好的服务。所以,好运是一种心态。学会感恩,是变得好运的第一步!

不要太认真,就能常常认出好运

英国心理学家理查德·怀斯曼(Richard Wiseman)在他的书《幸运的配方》里,分享了一个他做过的有趣实验。他招募了一群实验对象并给了他们一个简单的任务,就是去数一数在提供的报纸里一共有多少张照片。答案是一共有 43 张照片。

大多数人在 2 分多钟后都给出了正确答案,有些人用了长一点的时间,因为他们重新数了一遍,确保没有数错。

但事实上，所有人都可以在几秒钟内获得答案，因为第二页上就印着超大的字："不要数了，这份报纸有 43 张照片！"这些加粗的字有半个版面那么大，但没有人看见。另外，为了好玩，教授还在报纸的中间额外放了一行大字："别再数了，告诉教授你看到了这行字，就能赢得 100 美元！"同样，所有人都错过了这个机会，因为他们都在非常专心地数照片。

当我们把自己框在眼前的任务里，太过专注于某个设定的目标，或者沉溺于特定的某一种"努力"的形式，视野就会变得很狭小，往往看不到显而易见的答案。

怀斯曼还做了一系列其他实验，他发现幸运的人心态往往更加开放，平时在生活中也过得更加放松。这并不是说他们一直在努力寻找机会，而是他们用更加放松的态度去对待周围事物，不会立刻去评判好坏，于是当事情自然而然地发生时，他们也更能看见其中的机会。如果太专注了，即使命运把一份难得的礼物捧到你面前，你可能也会完全看不到。

记得有一次坐出租车回家，我眼睛直勾勾地盯着窗外，脑子里在激烈地想着工作上的事情。突然，司机对我说了一句："哇，今天的夕阳真好看！"我的思绪才突然被打断了，愣了一下之后，发现我们正行驶在一段沿海公路上，眼前是少见的绝美夕阳，橙色的阳光洒满了整片海域！天空的颜色是温柔地渲染开的，海面的微小波浪反射出一朵朵如同钻石般的闪光，我被震撼到呼吸都快停止了。可是就在刚刚，因为太沉浸在自己的思考之中，虽然脸正对着窗外，眼睛也是睁开的，但是我居然完全没有看见如此绚丽的美！原来"睁眼瞎"就是这个意思！

我们谈到"运气"时，往往说的都是一些意料之外的事，是完全没有计划的，甚至完全超出想象力的。如果只是按计划好的方式进行，并获得预想的结果的话，我们并不会把这件事与"好运"联系起来，只会觉得自己的执行力还不错。但只要我们不再把做事的方式与想要的结果框在一个特别狭窄的定义里，就能更好地收获意料之外的礼物！

记得刚刚来到香港工作的第一个月，人生地不熟，周末更是觉得很孤单，于是我在网络上找了一些电影或者与时尚相关的开放式聚会活动，一个人跑去参加。在活动上，大家都和自己熟悉的朋友扎堆在一起谈笑风生，而我是一个人，感觉很尴尬。在逃跑之前，我对自己说，既然都来了，就先喝完手上这杯鸡尾酒吧，再走也不迟。于是我放松下来，敞开心情去享受现场的音乐和氛围。没想到，其实别人会因为你是一个人，而更愿意走过来认识你！

我就是这样认识了在香港的第一个朋友，是一位来自意大利的建筑师，她同时也是一名DJ，有前卫而鲜明的时尚风格，留着非常"先锋"的发型。后来她还邀请我去她的家乡意大利佛罗伦萨，我们一起漫步在她从小长大的街道，欣赏文艺复兴时代建造的穹顶教堂，品尝她父母烹饪的地道意大利家乡菜，度过了一段非常难忘的夏日假期。她在佛罗伦萨为我拍的一张照片，很多年来一直是我微信公众号的头像，正是这位意料之外的意大利朋友为我播下了一颗种子，开启了我对时尚、音乐和世界文化的喜爱和欣赏。通过这个经历，我也变得更加愿意去主动冒一点险，把自己暴露在不熟悉的环境里，走进不认识的人群里，去做点平时没做过的事。不期而遇的惊喜体验往往就是这样发生的。

在日常的生活中，不要做什么事都带有太强的目的性，多一些玩耍的心态。可以抱着纯粹的好奇心去和别人交谈，享受交谈的乐趣；不带预设目标地去做一些有意思的事，或者漫无目的地闲逛，看看会遇见什么。只要你能接纳事物的随机性，好运就会常常发生。或许可以换句话说，我们不需要变得更好运，而是要能发现生活中本来就在那里的好运。

现在我能够体会那些微妙的智慧了——不试图销售时，反而可以更成功地销售；不再追求结果的时候，反而会得到更好的结果；不计回报地为他人和世界创造价值，反而会得到很好的福报。

养成"好运"气质，让吸引力法则奏效

能力、努力还有技巧，都可以帮助我们完成任务，但对于获得看起来更具有随机性的好运而言，反而是跟生活的态度和传递给他人的感觉更加相关。试着无条件地去帮助和支持他人，给别人带来惊喜，成为别人的贵人。不要带有交易的心态去帮忙，不要想我今天帮了一个人，那他就欠我一个人情，以后我就可以去要回来。

每当我讲述独自旅行时的神奇故事，或者分享留学、

求职、创业时得到的帮助和支持时，总会有人笃定地回应说："看你长得好看呗！""因为你是博主有流量吧？"会这么想的人，在考虑是否要帮助他人时，第一反应也会是先权衡利益，看看对方是否"值得"帮助。潜意识里斤斤计较，别人也会跟你斤斤计较。如果暂时还没有能真正去做的事，就由衷地祝福他人。无论是看见别人已经获得成就，还是看见别人正在踏踏实实地做一件事，都真心实意地祝福他们，这样的心念也是强大的能量，会埋下好运的种子。

你的潜意识里是怎么想的，就会体验到对应的感觉和情绪，然后在微表情、肢体语言、说话语气和遣词造句中表现出来。久而久之，就形成了整个人的气质。想要养成"好运"气质，就先去成为一个慷慨大方、乐善好施的人，拥有善和美的心念，自然地就会吸引到好运。

奥黛丽·赫本说："当你长大时，你会发现你有两只手，一只用来帮助自己，一只用来帮助别人。想要优美的嘴唇，要讲亲切的话；想要可爱的眼睛，要看到别人的好处；想要苗条的身材，把你的食物分给饥饿的人；想要美丽的头发，让小孩子一天抚摸一次你的头发；想要优雅的姿态，走路要记住行人不止你一个。"

当别人感受到你身上的生命能量时，就会想要参与到你的生命之流当中。拥有一股向上的"气"，会反过来影响你的潜意识，让你自然而然地去做一些会带来正向反馈的事情。正向选择的积累，会带领你的人生轨迹一直往上走。在如此的正向螺旋效应之下，幸运也就不难成为你生活的一部分了。

我们每时每刻都在和这个世界合作，共同把我们内心真正相信的东西给创造出来。我们关注什么、思考什么、做什么事情、处于什么状态，世界会同时给我们带来同频的东西（人、事物、机会等），这些能量混合起来形成一股复杂的动力，事情就如此发生了。同频不是同样，好运也并不会让你"种瓜得瓜"。

我们只要带着一种热忱和坚持，踏踏实实地做好自己就够了。

吃苦不会让你变幸运

千万记得，不要让自己感觉太辛苦。辛苦也是一种主观的感觉,与真正的努力和工作量无关。如果你正在做的事情是发自内心的,那就会有一股很强的精神能量驱动你如饥似渴地去学习,去研究,去做。虽然身边的人看到可能会关心一句"别太辛苦了哦",可是你自己是不会感觉辛苦的。因为那是你真正想做的事情,觉得好玩都来不及。

真正全情投入一件事的时候,不会注意到花了多少时间,也不会计算投入产出比。而当你做一件事情,内心觉得自己在"吃苦",就会特别期望未来能有一个好的结果出现,让你觉得一切苦都是值得的。

人不可能通过"吃苦"来活出自己真正想要的人生。做自己真正想做的事情,让自己乐在其中,才会真的"越努力越幸运"。枯燥时,就去开动脑筋让事情变得有趣味性一些,比如给自己设计一些小奖励,或者用创意把工作环境设计得更令人享受。当你享受正在做的事情,用热情和开心的状态过每一天时,会更很容易打动别人,别人会主动地想和你互动,一起推动事情的发展。

相信过程,哪怕没有看到明显的进展,也不代表事情没有在运转。就好像种子需要时间才会破土而出,葡萄需要足够的酝酿才会变成美酒。不要忘记去享受生活中的小事，给予陌生人一些善意，去户外做运动，冥想静坐，和大自然接触，晒晒太阳……过好日常的每一天，好运一定不会缺席。

Lily 百合

花语：纯粹与强大

表达自我，美好纯净，做自己

去创造

Create & Influence

2.1 个人影响力：KOL 不只是网红

> 每当我们所做的选择、所冒的险、所付出的努力都和我们人生的使命相一致时，无论最后所取得的结果如何，我们已拥有了丰盈的人生。
>
> ——《丰盈人生》，
> 马歇尔·古德史密斯（Marshall Goldsmith）、
> 马克·莱特尔（Mark Reiter）

以前，我们都是在电视、电影、报纸、杂志上看到娱乐明星的作品和宣传，听说明星企业家的故事。随着社交媒体的出现，这些名人都纷纷开始运营自己的账号，与大众更直接、更频繁地交流，并实现更广的触达。社交媒体也给了普通人一个随时进入媒体领域的机会，一个通过内容创作去获得关注和影响力的渠道。

说到个人影响力、建立个人品牌，请大家先把"做账号"这件事从脑中暂时移开，更别急着去想之后是接广告、卖课还是卖货。内容创作形式、互动形式、商业化形式等，这些都是"形式"，一定会不断变化。

仅仅是过去几年，内容形式已经从图文扩展到视频再到直播，VR（虚拟现实）和元宇宙的玩法也已经到来。商业化形式包括了销售商品、服务、课程、活动、体验……说到体验，我们现在想到的，可能是线上直播，或者大家聚到线下的一个场所，共同参与一个活动。但以后通过 VR 头盔进行虚拟体验会越来越普及，随着脑机接口技术的发展，未来通过脑电波就能获得更加"真实"的全息虚拟体验。

我们都需要持续学习以适应变化，与变化融为一体，成为推动变化的一股力量。在我写下这些文字时，网络上最火的形式是直播带货，不知道在你看到这篇文章时，有没有什么新形式出现并火起来。现在，先别急着一头扎进"做账号"里，让我们从热热闹闹的"流量派对"中退出来，一起来看一看影响力的本质。

KOL 到底是什么？

大家把在网络上活跃的社交媒体达人称为"网红"或者"博主"，我更喜欢 KOL（Key Opinion Leader，关键意见领袖）这个称呼。KOL 的特点包括：

- 在特定领域/行业具有专业知识和深度经验，能够发表独到见解。
- 活跃在社交媒体上，拥有大量的关注者，能够产生广泛的影响力。
- 与公众建立了良好信任关系，关注者认同和支持他们的言论和推荐。
- 经常参与行业活动、发布观点、分享经验，能带来新的思维、观点和体验，推动该领域的发展。

获得个人影响力，成为某一个领域的 KOL，绝不仅仅是"做账号"就行。社交媒体是有力的传播媒介,是能够放大你的优势并帮助你撬动资源的杠杆,是一个通过内容创作来沉淀影响力的载体。无论你正在从事什么行业,正在做什么工作,想要建立影响力,一定要重视并好好运营社交媒体,但不要只局限于账号本身。

虽然提到"影响力",我们会想到非常出名、正在风口浪尖上的人,比如埃隆·马斯克(Elon Musk)等。但请先忘记"数字游戏",不要只通过社交媒体账号的关注人数这单一维度来衡量影响力的大小。一位在行业里呼风唤雨的专家,能够推动整个行业的发展方向,即使影响到整个社会,他社交媒体账号的关注人数不一定有娱乐八卦账号多。娱乐八卦账号在一定层面上,也会对社会的审美、价值观等产生影响。两者对于这个世界的影响是在不同层面的,并没有绝对的好坏之分。

《穿普拉达的女魔头》中有段经典的台词,诠释了时尚行业的影响力是如何一层层传递,最后渗透到大众的生活当中的,大致如下:

> 比如你挑了那件蓝色的条纹毛衣,你以为你自己是按你的意思认真地选出这件衣服。但是,首先你不

明白那件衣服不是蓝色的也不是青绿色或琉璃色，实际上它是天蓝色的，而你从没搞清这个事实——而实际上你也不知道：从2002年奥斯卡·德拉伦塔的发布会第一次出现了天蓝色礼服，然后我记得，伊夫·圣·洛朗也随之展示了天蓝色的军服系列，很快的，天蓝色就出现在随后的8个设计师的发布会里，然后它就风行于全世界各大高级卖场，最后大面积地流行到街头，然后就看到你在廉价的卖场里买了它。事实上，这种天蓝色，产生了上百万美元的利润和数不尽的工作机会，还有为之付出的难以计算的心血……你觉得你穿的这件衣服是你自己选择的，以为你的选择是在时尚产业之外，但实际上不是这样的，你穿的衣服实际上就是这间屋子里的人，替你选的，就是从这一堆玩意儿里选出的。

社交媒体：让人爱恨交织的存在

社交媒体是"去权威化"的，不像过去的传统媒体，编辑和记者首先得受到报纸杂志社的雇用，才能从事这份工作。在社交媒体上，任何人都可以随时发布内容，不需要得到任何权威的许可，没有门槛，不需要入场券。就算没有任何经验，一旦发布的内容受到平台推荐，就有可能被上万甚至上百万的人看到。法兰斯·约翰森（Frans Johansson）所著的《运气生猛》中有一句话我很喜欢："一旦游戏规则改变，就意味着任何人都可以用现有参与者意想不到的不同方式，来试试自己的运气。"

这是社交媒体的魅力，让所有想要表达的人没有遗憾。哪怕你过去总觉得怀才不遇，现在则有机会把自己的作品发布在网络上，公开展示你的实力，让整个市场来检阅。近10年来社交媒体的发展，为众多普通人带来了意想不到的机遇，甚至完全改变了人生轨迹。

一个人受到关注和追捧后，自然而然地会具有商业价值，想要做什么都能得到更多的支持。这听起来非常有吸引力，大家理所当然地都想成名，想拥有流量。

在一头扎进"起号""日更"的执行性任务之前，先花一点时间静下来想一想，你到底想要影响什么？你最想用获得的影响力去实现什么？

- 获得金钱和其他形式的财富；

- 获得名声、地位、被人尊重和追捧的感觉；
- 拥有更多有趣的体验，比如被邀请去全球各地参加活动；
- 推广你在乎的领域，以及相关的知识、技能等，因为你坚信它对人类的福祉有益处；
- 更加了解自己，不断成长和突破；
- 为你关心的议题发声，比如关爱流浪猫狗、保护自然环境、关爱弱势群体；

……

这些都是在社交媒体上获得的影响力，能给你带来的各种价值。在顺利的情况下，你可以全部获得。千万不要限制自己的想象力，一切都有可能，你值得拥有世界上所有美好的东西。然而，当你必须做取舍时，你心中的优先级是怎样的？对你来说最重要的是什么？

这个问题没有标准答案，只要是你经过深思熟虑的、真正发自内心的，就是"对"的答案。并不是所有的关注、议论和随之而来的商业利益，都会让你的生活更丰富，让你变得更有活力，有时反而会把人卷入旋涡之中。

社交媒体是把双刃剑，它也会带来恶评、误解、流量焦虑、信息茧房等问题。当你感到迷失时，就去擦亮自己内心的"北斗星"，看清在你心里真正重要的东西是什么。社交媒体是工具，而不是目的。如果你在社交媒体上，持续地发布与自己有关的原创内容，一定会收到各种各样的评论。一方面，你会得到表扬和正面反馈，让你看到可能被自己忽略的闪光点，当系统性地打造个人品牌时，这些反馈能帮你找到属于自己的定位和差异点。另一方面，你也会收到反对或批评的评论，你会感到挫败吗？你想要去反驳吗？你是否也认可这些评判，认为自己还不够好，想要按他们的标准去做得更好？无论具体情况是什么，这都是一个与自己深入对话的契机。

当你的影响力进入快速扩展期时，一定会有很多"围观"的人，这些人不是你通常会吸引到的群体，有可能会带来令你无法理解的恶意、诋毁、误解。如果你让自己一直处在防备和对抗的状态，灵气和内心柔软的部分会受到影响。你需要学会正确面对这样的处境，这是公众人物都需要好好学习的一课。

当你的影响力进入稳定阶段，会明显感受到热闹的消散。流量从高峰下滑时，会让人不自觉地产生危机感和失落感。好处是，这些沉淀下来的关注者，都是认可你、愿意支持你的人，你会从他们身上得到发展下一步事业的灵感和能量。

这时，也是一个重要的人生契机，要看清楚你的内在满足感到底来自哪里，你真正的热情在哪里，你想为这个世界带来什么。你可能会想要继续创作内容，因为创作本身就给你带来快乐和新体验。当你心里已经有了下一步要怎么走的念头，那就坚定地出发吧！此时的你，已经变得更有韧性、更睿智，更了解自己，也积累了足够的外在和内在资源。社交媒体是一个放大镜，将这些体验成倍放大，而且一切发生得很快，你会高速成长。

在社交媒体上发生的一切，是会滋养和支持你的生命发展，还是会透支你的生命能量呢？这取决于你是如何与社交媒体互动的。你可以去主动塑造与社交媒体的关系，建设性地使用它，与它成为合作伙伴，共同拓展你的人生体验。如果你抱着急功近利的心态，一心去找"流量密码"，那社交媒体就会像一个黑洞，把你吸进去。

无论发生什么，记得和自己的内心对话，持续地对话。把选择和行动，与自己的愿景、使命和长期目标联系起来，这样在迷茫的时候，你会拥有一枚指南针，为你指明方向。

成为你想看到的变化

超级英雄蜘蛛侠有一句台词说:"能力越大,责任越大。"这句话也适用于互联网时代的"超级个体"——流量越大,责任越大。上市公司需要在年报里披露社会责任(Social Corporate Responsibility,CSR)的承担情况,自媒体在获得巨大的关注量时,是否也应该把社会责任意识融入创作当中呢?并不是说自媒体都要去做公益宣传,而是必须清楚地知道语言的力量是强大的,公开发布的内容会对社会产生潜移默化的影响。

在推荐产品时,一句句"显白""显瘦""少女感"会让年轻女孩的审美变得单一又狭窄;把人的自我价值与消费能力、消费选择挂钩,是在塑造不健康的价值观。一些账号会刻意发表偏颇、煽动性的言语,目的是引起评论区的争执,提高被平台推荐的可能性,却不知道这些言论正影响着社会风气。

大卫·R. 霍金斯在《意念力:激发你的潜在力量》中写道:"一种'成功'的生活方式,不仅自己得益,还能使周围所有人受益",将成功视为一种责任,将自己视为管理者,"这是为所有人的利益去施加其自身影响的一种责任"。

我们每一个人都在影响着这个世界的未来。每次花钱消费时，你选择购买什么样的产品和服务，实际上是在为你期望的世界投票；你如何对待自己和身边的人，也是在用行动去塑造社会氛围。当你开始在社交媒体上分享你的生活和观点时，你所说的话、所做的事，会和你身上的能量一起，被社交媒体放大成百上千倍，然后发射出去，成为你对这个世界的影响。如果你找到了一个比个人发展更大的使命，就去想一想，你能够立刻采取的最小行动是什么？想实现再大的愿景，也要从眼下实实在在的小事做起。

比如当我倡导可持续生活方式时，提倡的小事是自带咖啡杯和把超市里的不那么好看的蔬菜带回家。哪怕是一件举手之劳的小事，真正做到之后，也会得到积极的情绪，这样就推动一个正向循环。无论你的影响力有多大，都充分地去发挥它。就像甘地说的——"成为这个世界上你想看到的变化。（Be the change that you wish to see in the world）"

2.2 个人作品：成长与创作的"合一"

你也可以把发生在自己身上的事情视为故事。所有作家都知道，故事需要冲突。我与不写作的人相比有一个优势，那就是我总是在寻找故事。写作需要人的头脑对故事保持敏感。如果一切如常，事事顺利，那故事也就变得索然无味。

——《全情投入：人生最重要的事》，维塔利·凯茨尼尔森（Vitaliy Katsenelson）

社交媒体刚刚出现时，内容创作者如同一个个手工匠人，作品无论是否受欢迎，都是亲自制作，带着温度和个性化色彩。随着机构的加入，这些团队开始大批量孵化账号，脚本撰写员、摄影师、剪辑师、运营人员化身流水线上的"工人"，甚至"博主"可能只是照稿子念文案的"演员"。近年来，随着AI（人工智能）的发展应用，这样的流水线开始更加自动化，量产效率又得到了大幅度的提高。

作为一名内容创作者，是不可能用"以量取胜"的策略与AI竞争的。不如后退一步，静下心来，从创意、独特性、人文情感这些层面发挥，真正地用"心"去创作。

我把自己发表的内容分为沉淀型和流量型两种。顾名思义，流量型内容就好像河里的流水一般，随着读者的手指划过，就从信息流里流走了。沉淀型内容则会被保留下来，成为塑造"河床"的一部分。当你面对一条河流时，流水每时每刻都在流走、改变、更新，而河床则会一直在那里。两者是相辅相成的，如果没有持续的流水，河床就是干枯、没有生命力的。流量型内容往往更轻松，用一种碎片化的方式，去分享生活中的小确幸、最近的工作进展、悟出的道理、旅行心得、新买的护肤品——这些带着你个人风格的持续更新，会给读者一种陪伴感，好像身边一个熟悉的好朋友。

你可以用不同的平台去发布不同类型的内容，这是运营层面的事情。重要的是，在持续更新流量型内容的同时，要有意识地去学习、积累、不断输出高质量的沉淀型内容，最终帮助你完成属于自己的个人代表作。

持续积累，持续创作，持续成长

创作者的大部分工作是没法被直接看见的，写作不仅仅是在键盘上打字的那段时间。《跨越不可能》的作者史蒂芬·科特勒（Steven Kotler）曾说过，读者花20分钟阅读他撰写的杂志长文，其实是他4个月的工作成果，而花5个小时阅读他的书，则是在看他15年的工作成果——"在开始正式采访之前，我会花费大约1个月的时间进行研究，然后花6个星期的时间用于采访，接着再花6个星期用于写作和编辑。所以，如果你在我身上花费20分钟的时间，作为回报，你可以获得我4个月的脑力和体力劳动成果。"

高质量的资料和书籍，就好像高度浓缩提炼出的植物精油，几吨重的花瓣只能提取出小小一瓶的精油。也难怪成功人士对于阅读这件事都十分看重，比尔·盖茨的纪录片里就有他每天都要随身携带好几本书。然而，光是阅读本身，对我们的成长起到的帮助，并没有想象中那么大。

用记读书笔记等方式进行简单的整理、归纳，也只不过是稍微提高了一点吸收率。最好的内化方式是把从书里读到的东西联系到自己的生活情境中去，真正地应用起来，或者对以前真实发生过的事情进行反思，最后通过创作的方式表达出来。所以，创作也是很好的学习。

如果你对某件事非常有热情，想学一项技能，或者想探索一个新的领域，无论是电影、旅行、攀岩，还是想成为咖啡师、芳疗师，都可以用创作的方式去驱动学习。先建立一个主题性小栏目，持续地去创作更新，分享你学到的知识和感悟到的想法，一定会有意想不到的机会降临，带着你去更加深入地参与到这个领域中去，获得切身的经验。这一切都会成为你打造个人账号的基础和养分。

通过拍摄"减塑生活 vlog"系列，我在 ESG（Environment、Social、Governance 的缩写，是一种关注企业环境、社会、理论绩效而非财务绩效的投资理念和企业评价标准）环保领域进行了深入学习，随着视频的发布，还得到了与国际环保品牌合作的机会，参与了可持续生活方式的论坛和与

ESG环保相关的投资项目。同时，我还学到了知识，完成了作品，认识了志同道合的朋友，获得了深度参与项目的机会，这一切都可以同时发生！

创作是一个不断学习、成长和疗愈的过程。与心理学相关的学习，我都是通过写微信公众号文章的方式来激发自己的。在开始写一篇文章前，我一般已经有了一个感兴趣的议题，我会看涉及这个议题的最重要的几本书，同时搜集网络上的文章和资讯，加强和补充我的阅读。开始写作后，我常常会发现，有一些内容在阅读时感觉自己已经理解了，却并不能很顺利地用自己的语言阐述出见解来。于是我会反复思考，理清思路，与朋友探讨，完善想法，继续搜集资料，再慢慢地把文章写完。

我一直坚持写与心理学相关的读书分享和学习心得，后来与心理健康领域的创业公司进行宣传合作，他们也免费给我提供了进修资料。在这个不断输入和输出的过程中，我更加了解自己，也看到了内心的恐惧——我害怕被别人评判，害怕被误解，害怕别人会质疑我"不够格"，说"她凭什么"。我想要被看见，又害怕被看见。而在一次次的公开表达中，我直面这些恐惧，从一开始的"硬着头皮上"，后面慢慢地开始信任自己，到现在完全相信自己。

原创：用你的语言，说出你的故事

创新和创意很大程度上是拆解和重组已经存在的事物，或者在已有的基础上进行改动。就拿我常写的"职场干货""个人成长"这些主题的内容来说吧，大多数的知识、道理、智慧追溯到最后都是一样的源头。

写一则原创内容，就是要用你自己的语言，说出你的故事和观点。你可能是先看了一本书，听到了一些道理，但这些都不是你的原创。当你全身心地去体验发生在你身上的事情，通过切身的感受真正地理解了这些道理后，用自己的语言，详细地描述你真实的感受和心路历程，这就是你独有的观点和故事，也就是原创。故事和观点是私人的，但融合了你的价值观、人生观，以及你的立场、信念，因此独一无二。

不断丰富自己的人生体验，全然地感受，并持续地深度思考。你的观点会改变，你创作的内容也会变，这是一个自然发展的过程，因为你和这个世界一直在变。别忘了和身边的朋友讨论你的想法，他们的反应可能是追问、反驳、补充，这些都能帮助你打磨观点。有意识地去管理内心的傲慢和自卑。傲慢会让人盲目，忽视他人的反馈；而自卑则会让人固执，就算听到具有建设性的反馈，也会拒绝接纳。

慢慢地，你会形成自己的体系，包括知识体系、价值体系、认知体系等，它们就好像一棵大树的不同树枝，而你的个人故事就是树枝上的叶子，最后长成一棵茂盛的、不断生长的大树。树上结出的果子，就是真正属于你的原创内容。

理性主导的表达者都偏爱谈论观点和体系，然而故事往往更有说服力，也更能被人记住和传播。很多智者都喜欢通过讲故事的方式给人讲道理。用心去体验生活中的经历，并写成自己的故事集吧！有时候一件糟糕、狼狈、离奇的事情，反而会变成富有吸引力的故事。你的亲身经历，那些真正在你身上发生过的故事，才是你创作的源泉。当你用这样的心态去生活，就不会有什么绝对的"坏事"，因为这些"坏事"不仅给你上了一课，还会变成你的故事。

在《开讲啦》节目中，有位年轻观众向编剧麦家提问："我们很想把自己丰富起来，怎样能像您这样写出有厚度的文字？怎样让自己更有故事？"台上50多岁的麦家回答说："故事是时间光影堆积出来的，而且也并不是说你现实生活中故事多了，你就占有的多了。有的人虽然经历了很多，世界各地都去了，但他没有用心，这些东西就随风而去了。你不要着急，你会有故事的，只要你用心。"

个人代表作：能够代表你的作品

你会持续不断地创作，输出不同形式的内容，也包括许多高质量的沉淀型内容，但不是所有作品都算你的个人代表作。顾名思义，当你介绍一部作品为你的代表作时，就认可了它可以"代表"你的才华、实力、努力和个人风格。它不一定是你所有作品中最受追捧的那个，但在你心里，它能"代表"你。

个人代表作是深度创作的成果，它是经过一段时间的沉淀、思考、体悟、创作、打磨之后，制作出来的精品。选择你最喜欢或者最擅长的表达载体，可以是一本书、一部影片、一场年度分享会、一件雕塑作品、一个项目，等等。在创作的过程中，你需要创意灵感，要重新回味过去的人生体验，学习一些技巧，摆脱时不时冒出来的"自我怀疑"，学会处理其他会让你分心的事情……

你自己也是作品的一部分，你的生命能量会在创作过程中融入这个作品，别人在欣赏你的作品时，能感受到这股能量。这就是为什么有的作品从技术层面很难解释得清它的伟大、独特，却能深深地打动人心。

悉心关照自己的身心健康是头等大事。感觉疲惫的时候，一定让自己停下来好好休息。当你的身心积聚了一定压力，而没有得到好好纾解时，认真写出的感悟也会显得咄咄逼人。感觉急躁的时候，回头去看自己的初心——你创作的目的是什么？你想给这个世界输送什么样的能量？

如果你在写一本关于健康的书，你会希望读者读完之后，开始用关怀的态度去对待自己的身体，还是感觉焦虑和紧张，盲目地去买更多的保健品？如果你在制作关于女性力量的视频，是想让女性观众看到后感到愤怒和受伤，还是充满追求梦想的勇气？如果你想传达的是爱、真诚、勇气，那就让自己带着爱、真诚和勇气去创作！这样的作品完成时，你自己也会同步完成一次蜕变。无论是否得到市场的追捧，都值得你为它骄傲，也为自己骄傲！

2.3 赏心悦目：美学的滋养，让你脱颖而出

> 一张桌子，一件衣服，与爱人的关系，目所能及的生活的周遭，都会变成你的作品。一个人对于生命中每一刻的品质的要求，其实就是以艺术和审美的态度，给予生活细节以审美的要求。这种审美要求才是与人最息息相关的东西。以整个人生来说，这真的比是否能画出一张优秀的素描重要太多了。
>
> ——《无用之美》，
> 林曦

个人美学风格＝审美力＋美学表达＋自我表达＋创意，我们看到美丽的事物，常常会用"赏心悦目"这个词来形容。美好的事物让人心情愉快、舒服、有生机，这就是美学的精神滋养。

如果你擅长撰写优美的文字，那舒展的字体、排版、色彩、配图等视觉效果，会提升阅读你文字时享受的感觉。如果你热爱烹饪和研发食谱，食物的摆盘和餐桌的造型不仅会让食物看上去更诱人，还会带来幸福感，让人忍不住想试试你分享的食谱去烹饪一餐。而且你知道吗，现在已经有食物造型师、餐桌体验设计师这样的职业了！如果你擅长口头表达，热衷于分享观点或推荐产品，那无论是录制视频还是直播，你的穿搭造型（发型、妆容、服饰、配饰等）和布景（室内装修、空间美学、装饰陈列、打光等）也是观众观看体验的重要部分。

美能激发人们内心深处的情感和精神追求，让人感到愉悦、受到启发、得到安慰、获得共鸣，可以说美丰富了人们的生活。许知远觉得，在一个价值观混乱的时代，美会变得凸显，因为它提供某种确认的标准，它带来对日常的超越。无论你在什么领域分享你的才能，提高整体的美感，有助于让你脱颖而出。

时尚：你的出场，让人眼前一亮

时尚造型能展示和放大你的独特风格，一定要穿你喜欢的并且适合你的衣服。穿不适合的衣服就像穿一套万圣节装扮，完全看不出那个人是你；而穿不喜欢的衣服，会让你浑身不自在，没有生机。

还在投行上班时，我在周末做时尚博主，分享的都是明亮有活力的职业装。在严肃的行业里，适合上班穿着的单品一般都是西装西裤、衬衫、简单的连衣裙等，版型上没有多少选择的余地，我就在颜色上发挥创意。我喜欢穿清澈明亮的彩色，比如绿色、黄色、蓝色，给人带来活力和振奋的感觉。基础色则会选择干净又令人愉快的白色和米色，而不是沉闷的黑色、灰色。这样又专业又有活力的穿搭风格，全然展示了我的职业背景和个性，完全没有普通职业装的压抑和束缚感，受到了很多年轻职场女性的喜欢。

强烈建议大家找到一位信任的裁缝，把一些不那么合身的衣服（裤长、袖长、肩宽、腰围）修改到合适的尺寸，穿起来会更加妥帖、利落。裤子上的一些奇怪褶皱，有可能是因为腰围不合适。经过微调后，衣服一下子会变得更好穿，这是非常值得的投资。我很喜欢和裁缝把旧衣服改出新意，最简单的做法就是把上衣改短，变成时髦的露腰款。甚至毛衣也是可以修改款式的，去年冬天我把一件连续穿了 5 年的蜜桃粉色羊绒衫，从圆领改成了大 V 领，朋友都以为是新衣服，纷纷问我是从哪里买的。时尚的乐趣在于发挥创意，而不是买买买。创意就是从寻常之中看见新意，给旧东西创造新生命。

过去有将近三四年时间，为了能持续分享穿搭照片，我购买了大量新衣服，也与许多时尚品牌和电商平台合作，尝试了更具季节潮流的衣服。后来在一次搬家的契机下，我整理衣柜时才发现自己在不知不觉中购买了多件类似的白衬衫，衣柜里有七八条被称为女生必备的"小黑裙"，但我一次都没有穿过。还有不少并不适合我的"季节流行款""年度流行色"……断舍离的过程，也让我审视了自己在衣柜里呈现出的信息茧房和"FOMO 心态"（Fear of Missing Out，担心自己错过了什么机会和事情的心态）。或许每个年轻女孩都要经历一个"乱买""乱穿"的探索阶段吧，有意识地进行整理和"断舍离"，你的个人风格会渐渐清晰起来。

你的穿衣风格是什么样的？现在就去你的衣柜里梳理

一下，什么样的单品你穿得最频繁（裤子还是裙子？牛仔裤还是西裤？针织衫还是西装？高跟鞋还是平底鞋？）。你喜欢线条、碎花这些元素，还是偏好纯色？你偏好哪些色系？喜欢修身的还是宽松的款式？……千万不要被什么肤色适合什么颜色、梨形身材要穿什么这样的内容束缚住你的创造力。色阶和色温的不同，让每一种颜色里都有无数选择。对你喜欢的单品要亲自试一试（不代表要买下），在镜子里打量自己的样子，体会一下穿起来的感觉，再做决定。有些衣服很美丽，但不适合你。自己喜欢什么，适合什么，都先去亲自尝试一下，再做判断和选择，不要"随波逐流"。

作为内容和商品的消费者，我们都需要带着觉知去浏览和购买。如果大家留心去看时尚类的内容，无论是博主的穿搭分享，还是商家的产品介绍，常常能看到这样的形容——这件衣服的设计遮盖了哪里的"肉"。媒体为了让女孩相信自己自然的身材是有很多缺陷的，还发明了许多词汇，人为地制造出了需要去遮挡的问题。

语言的力量是很强大的，不知不觉中会影响他人。我更喜欢说这件衣服的剪裁非常贴合我的身体曲线，穿上它后，我感觉很棒。希望越来越多参与自媒体创作的人，能有意识地去注意自己创作的内容。带着正面积极的能量，才能为这个世界带来积极的影响。

去欣赏动态的、整体的美，而不是放大并揪着局部的细节去评判。去欣赏多元的、变化的美，不要在心里设置太多固定的评判标准。一个人如何去审美，就会如何去看待自己的人生，价值观是会渗透方方面面的。

从"喜欢"和"适合"两个维度更深度地梳理自己的时尚风格，这个过程也会带给你关于人生的启发！当你的个人品位建立清晰之后，无论是在什么场合——工作还是度假，你的穿衣风格都会具有个人的鲜明特色，让人一眼就能看见"你"，而不是衣服。当然，在日常生活中，我们也需要不洗头不洗脸、穿着旧衣服"躺平"的时间——这样的时间很重要，能让人彻底放空，迎接全新的灵感。

个人品牌色彩（color palette）

大家都喜欢称我为"小太阳 juju"，我也很喜欢穿黄色。日常生活中，黄色的衣服并不多见，穿起来会很有辨识度。顺理成章地，我把一种带有暖调的黄色，作为我的个人品牌主题色。这种介于黄色和橙色之间的颜色，给人乐观、活力、愉悦、香甜、轻快的感觉。让主题色贯穿到你的视觉呈现的各个方面，不仅是在时尚造型里，还可以应用在文章排版、图片设计、名片、视频封面等多处，让它成为你的独特标志。除了主题色，你的色彩板里还需要一些配色，让色彩效果更加丰富。比如在我的个人品牌色彩板里，米白色（温暖、明亮、优雅）是基础色，绿色（植物、健康、自然）和粉色（温柔、甜美）是辅助色。

每一种颜色都带着不同的情绪和能量，时刻传递着你想表达的理念。无论你的个人品牌产品是什么形式，是实际的物品（包装设计）还是课程（资料的排版设计），或是线下活动（宣传海报、活动物料、伴手礼的包装袋）等，确定好一套精心设计且完善的色彩板，可以保证视觉呈现的一致性。

如果你的头脑中没有配色的思路，别看网络上千篇一律的配色技巧，去大自然里找灵感！大自然创造出来的丰富颜色组合，一定是最和谐的。先用你最喜欢的花来试试，就拿向日葵来举例吧，找到一张非常打动你的向日葵照片，你会看到，向日葵不只是最吸引眼球的橘黄色，还有棕色和绿色。如果想得到更精准的答案，可以利用软件去提取图片里的色阶。

穿搭时的配色灵感也可以来自大自然，比如我常穿蓝色和棕色的"海滩色"，还可以加入一点白色（包或鞋），那是海浪激起的白色泡沫。你听说过位于巴哈马群岛的哈勃岛吗？那里有著名的粉红色沙滩，现在就去搜索照片看一看，如果你也被那独有的景色打动，去试试浅粉色和蓝色的搭配，看看会不会让人眼前一亮。

用 mood board 为风格定调

在微信公众号的长图文里，风格一致的文笔、排版和配图，能给人浏览杂志一般的体验；在小红书账号上发布风格一致的图片（不仅是发照片，还包括了图片编辑和设计）和视频（整体风格和剪辑），浏览时就好像漫步于你的个人作品展。在第一次进入你的账号浏览时，看到你鲜明且具有一致性的个人风格，就有可能一下从美学层面与你共鸣，想要进一步关注你。

可以运用 mood board 去确定你的整体视觉方向，确保风格的一致性。mood board 通常被称为情绪板、灵感板或视觉风格板，它是一个视觉化的工具，用于收集和展示品牌设计所需要的各种灵感、情感和视觉元素。制作mood board是一个极富趣味性和创造性的过程。当有一个新的项目出现，或者朋友的公司想要进行品牌升级时，我都自告奋勇地参与mood board的制作，因为这个过程实在太好玩了！在找寻灵感阶段，需要大量地浏览各种资源，包括网络、杂志、书籍等，搜集与品牌定位相关的图像、颜色、字体等素材。在这个过程里，你会沉浸在天马行空的想法里，创造力和想象力会迸发出来，也为未来的内容创作积蓄宝贵的灵感和养分。

接着通过排列组合和调整布局，营造出你想要传达的整体氛围效果。这些视觉参考图片组合在一起，会传递出一种奇妙的、独特的感觉和情绪。你要保证这种感觉是清晰的、明确的，而且与你想要传递的感觉是一致的。比如，你想传递一种有活力的、正能量的、阳光的感觉，但这种形容是很笼统的，并不精确。这时，情绪板就是一个直观的沟通工具，可以协助内容创作团队之间进行沟通，尤其是帮助沟通细微区别。

你和团队可以一起做一个"是"和"不是"的讨论，充分沟通品牌想要传递的感觉。比如，"小太阳juju"是一种有活力的、正能量、放松愉悦的感觉。在我的内容创作和个人品牌里，有活力不是勇攀高峰、乘风破浪，而是户外慢跑或者做瑜伽；愉悦不是在迪士尼公园玩，而是和朋友在咖啡馆聊天；放松不是在深山中体验禅意，而是在家里认真阅读一本书，品尝一杯香气扑鼻的花草茶。乍一听你会觉得都差不多，但请闭上眼睛让这些画面一一出现在你的脑海里，去细细体会不同情境带来的不同感受。当你越来越能区分不同视觉效果呈现出的不同情绪时，你的感官会更敏锐，你的个人风格也会越来越鲜明。比如都是表达对自然美学的崇尚，当你的背景是绿色植物（平稳有力），或是一大束红色的花（绚烂亮丽）时，给人的感觉是截然不同的。看一眼你手边的喝水杯，是彩色的马克杯，素色的粗陶杯，还是透明的玻璃杯？你的审美会在不知不觉中为你做出选择。当你的个人风格明确之后，身边熟悉你的朋友看到一个东西，就会立刻联想到你，对你说"这个东西写着你的名字"！

全息美学体验设计

除了视觉，播放的背景音乐也能在另一个维度体现出你的品位，让人更加沉浸在你分享的内容之中。如果你举办一场线下社群活动，那么美学设计还包括了活动体验的流畅度，并涉及味觉、嗅觉、温度等更多维的感官体验。如果活动在室内举办，光线的冷暖和强度会营造出不同的氛围。无论这是一场时尚活动还是职业探讨，你都希望这个空间给人愉快和放松的感觉。活动现场的拍摄效果也与光线大大相关，我参加过一些活动，现场的照明光源是从天花板上照射下来，这样的顶光对于拍摄人像不友好，会影响社交媒体上的传播发布。

气味则是一种非常私人的联结。气味的记忆是所有感官中最持久、最能引发情感回忆的。这是因为嗅觉与大脑中有关情感和记忆的部分直接相连，尤其是大杏仁核和海马体，这也是为什么五星级酒店、水疗中心、品牌门店都会精心调制独特的香味。如果你想令参与活动的人印象深刻，一定要好好调制或挑选一款能代表你个人特色的室内香氛。

活动现场为大家提供的小食和饮品，也要考虑到陈列美感、口味（包括是冰凉的还是温热的），是否方便拿取，是否符合你所提倡的生活方式，是否使用一次性餐具，是否由健康天然的食材制作，等等。需要考虑到的方面很多，但如果拥有成熟的审美系统,你一瞬间就能考虑到所有方面,并完成所有决策,并且你生活里的方方面面都具有一种微妙的一致性。这种一致性不是成套复制的,它带来的是生动、丰富又和谐的感觉。

审美的培养是不断与自我对话,从而加深自我认知的过程,审美是极个人的。所谓"更高级""更好"的审美,只是外界程式化的评判罢了。当你很明确地知道什么样的东西适合自己,什么不适合自己时(哪怕它看起来很美好),就不会陷入跟风和竞争的陷阱里。你会打造出自己的独特作品和人生,打动一群能与你真正产生精神共鸣的人。

2.4 唤醒右脑：真情实感，才能打动人心

当我们创造性地表达自我时，我们完全坦诚地分享对自己来说最重要的东西。这种分享让我们与他人建立起联结，同时也让他们获得了对这个世界的更多认知。当我们欣赏他人创造性的作品时，比如一首诗、一幅画，我们总是能看到作品背后折射出的真实、爱与能量。

——《聪明人的个人成长》，史蒂夫·帕弗利纳（Steve Pavlina）

现今，经济和科技已经发展到了新高度，速度和效率的极限还在不断地被突破。在内容创作和个人影响力层面，更新的频率和速度不再是竞争力，真情实感才能够更好地打动、影响、联结更多的人。所以，创作的重点是先去关照好自己的身心，把体内快乐、感恩、慷慨、勇气等能量抒发出来，带着这种美的状态出发。

情感共振：从崇拜到共鸣

社交媒体能让我们看到来自不同地理位置的人和信息，我们的精神世界拥有了变得更广阔的可能性。但是现在，网络的发达令人与人之间真实而深入的联结似乎变成了非常稀缺和珍贵的情感体验。

有一位读者曾给我留言说，她正坐在一家咖啡馆里，舒舒服服地看着书，看到桌上自己带的随行杯，就突然想到我。因为我一直在文章中提倡不使用一次性咖啡杯，于是她也养成了自带杯子的习惯。我曾收到过很多读者的留言，说我影响了她们。对我来说，读者也是我人生的共创者。人与人之间的缘分，让我们用这种特别的方式相遇，也互相影响着彼此的人生。

在开始写微信公众号文章一年后,我收到了一篇很长的读者留言。她说自己在英国留学,不敢与人交流,总是躲在宿舍,把自己封闭起来之后,感觉更孤独了,一切仿佛变得无解。在看了我的文章之后,她决定尝试打开自己,鼓起勇气一个人出去逛街、看展览,主动去与同学和室友交流,慢慢地,整个人都开心了很多,也交到了好朋友。我读到这段留言时,内心充满了感动,那段时间我恰好连续收到攻击性的评论。于是我产生了自我怀疑,不知道坚持更新的意义在哪里。

正是那段长长的留言,让我明确了继续写下去的意义,也在接下来的这么多年里,一直给我带来精神上的鼓励。如果我当时停止了写作,后面一切精彩的故事就都不会发生。那位读者说我鼓励了她,我也想感谢她鼓励了我。

所以,持续地去创作吧,忘记技巧,忘记人设,诚恳地表达出你内心的真实情感。你的人生会打开一条新的通道,意想不到的邀请你用各种形式去体验未知的世界,修炼人生未完成的功课,打破自身信念的限制。你会看见自己身上被遮蔽的闪光点,你会把曾经丢失的自我找回来,当你活出全部的生命能量时，你也在为这个世界创造价值。

几年前，我看了一档叫作"The Greatest Dancer"的英国舞蹈选秀节目，评委奥蒂·马布斯（Oti Mabuse）令我印象深刻，每次想到节目里的她，我的内心都会有一股能量涌入。Oti是一位来自南非的专业舞者，在指导选手们排练时，她都是素颜出镜，穿着简单的运动装，并戴着一副大大的黑框眼镜。透过她的眼镜，可以清楚地看到她眼里对舞蹈的热爱和对舞者的共情。

当换上演出造型，站在舞台中央时，Oti瞬间变身为一名光彩夺目的舞者。在欣赏一支她与参赛选手共同编排与表演的舞蹈时，我感动到掉眼泪。我对舞蹈并没有什么研究，在看这场表演时，大脑一片空白，完全没有"跳得好棒"这样的想法，但就一直流眼泪。这样的情感共振，不仅仅因为舞蹈动作的优美，更是源于舞者的全情投入、一次次的自我突破。情感是生命里最重要的体验，艺术创造的本质就是情感的表达。马克·尼波（Mark Nepo）在《回归生命的本源》里写道："看一个人有没有生活的艺术，不在于他的大脑在缜密思维后对情感的管理能力，而完全取决于他心灵的包容量，这颗心灵能否承载、融汇、吸收那些汹涌而至的丰富而厚重的情感。"

2023年,在一场线下活动上,我聊起了创业过程中经历的脆弱、迷茫和挣扎,也说起了与原生家庭和解的过程。我说:"我快35岁了,现在才明白,原来优秀不是被爱的前提。"当时不禁落泪,不是感觉难过,而是情绪自然地流出。台下有好几个女生也同时抹眼泪。活动结束后,一群女生聚在我面前,纷纷对我说,"没想到这场分享是这样的"。我笑着问道:"到底是哪样呢?"她们七嘴八舌地说,本以为是一场成功女性讲述她如何获得成功的分享会,抱着"来看看精英女性长什么样""来学习一下"的心态,没想到我是如此的"真实"。"对,是真实。"她们一致赞成这是最贴切的形容词。我并没有她们想象中的那么光鲜亮丽,也不是对所有问题一直都有答案。也许从那天开始,她们不再崇拜我,但这个世界不需要更多又成功又美丽的女性故事了,是时候去大胆表达完整的、真实的自己了!

情绪感染力:快乐是种超能力

刚搬来香港的时候,公司安排我第一个月住在铜锣湾的一家酒店公寓里。推开门的那一刻我目瞪口呆,从来没有见过那么小的房间!早上换好上班穿的衣服,照镜子的时候,要站在床上才能看得见自己。不过我很快就适应了这样的环境,注意力全被生活的新鲜感占领。

有一天早上坐出租车去公司,司机对我说:"你看起来很开心,看到你的笑容我的心情也变好了,谢谢你。"司机是一名中年女性,穿着黑色的外套,她的普通话不太流利,搭配着手势比画来表达,还在后视镜里一直看我的表情,确保我听懂了。在我下车前,她对我说:"希望你一直这样笑。"我想,她应该是一名命运派来的使者,在我的意识里种下一颗种子——让我知道,一个人发自内心的快乐,对这个世界是有价值的。

在过去好几年的时间里,我都希望能帮助大家成为"更好的自己",后来也一度陷入迷茫,不知道人生的意义是什么。现在我明白了,我的读者们并不需要我"帮助"什么,我只需要活出自己的快乐,然后自然而然地分享给她们就够了。这不仅仅是在拍照的时候要露出笑容,多发正能量的文案,而是在生活中真正活得快乐,用快乐去创造价值。

真正的快乐不是通过外在的环境或者物质获得的,是全然地接纳自己之后，发自内心而来的。一个人为自己的人生100%地负责，活得幸福，才能更好地去理解他人的需求，去承担社会责任，关心更大的世界。尝试用一种玩乐的心态去对待生活吧！不要太严肃，不要心里只装着要完成的目标和要获得的成就。玩乐是人的本能，虽然在年纪还很小的时候，我们就被教育要收起"玩心"，好好学习；但我们长大了，可以重新去找回"玩心"了。这不是叫你做事不认真，相反，玩乐心态代表的是快乐、创造力和全情投入。你发现了吗，人在玩游戏时会比在工作时更容易专注和投入。

比赛的英文是game，而game也有游戏的意思。比赛不是完全为了输赢，而是让人玩得更加尽兴，当人全情投入时，会激发出意想不到的潜能。所以，不要计较结果，玩得尽兴就是最好的结果。当你身心舒畅没有堵塞时，创造力就会充盈你。

电影《芭比》的幕后花絮让我看到了一个充满了玩耍和欢乐的工作环境，每位工作人员和演员都在说，拍摄这部电影是一段非常好玩、令人兴奋又充满了乐趣的时光。《芭比》的导演格雷塔·葛韦格（Greta Gerwig）在采访里说："创造一种接纳的氛围，没有错误答案，也没有评判。

人们在有安全感时，才会提出大胆的创意。"成功并不一定要与牺牲、隐忍这样的词语关联，大家一起尽情玩耍，释放出全部生命力时，就能发挥出惊人的创意。

抱着玩乐的心态去创作吧！把工作环境布置得更有趣，邀请你喜欢的人加入，全身心地去享受过程，你的快乐会让作品更鲜活，让人不由得被吸引。在公开表达时，比如演讲时，观众不会记得你说的每一句话，但会记得你给他们带来的感觉。认真地准备好演讲稿并反复练习，在上台前最重要的不是再背一遍稿子，而是调整自己去进入一个兴奋、热情、快乐的状态。在台上用你饱满的情绪去感染听众，为现场的氛围注入活力，你会令人印象深刻，这就是情绪感染力。

建立社群：聚起一群富有生命力的人

在你的社交媒体账号上，内容是由你主导输出的，每次发表后，评论区会有讨论和反馈，但整体的活跃情况是基于你的创作频率。如果你想让活跃的关注者们能够随时进行更深度的相互交流，那就建立社群吧！社群是一个安全和开放的交流环境，可以让志同道合的人从中获得更亲密的联结和支持。你是社群的发起人和管理员，虽然成员是通过你的号召而加入，但社群不只是有关你个人的，还有关你关心的人和事。选择一个有趣且有意义的主题，围绕着这个主题去建设，会让社群发展出它独有的个性和可能性。

一个有生命力的社群具有活跃度和自发性，作为发起人，你要做的不是干预、管理，而是授权、赋能。创造一个互相支持的环境，去鼓励他人行动，帮助他们消除行动的障碍；协助成员在社群里获得资源、工具、知识。鼓励活跃的成员进一步发挥热情，比如主动策划和发起活动，支持他们在社群中提高影响力。每一个社群成员都积极主动地给予，同时也会收获支持和帮助——这样的氛围能给人归属感，当有人受到挫折时，在社群里能获得重新出发的动力；当有人获得进步和成功时，大家共同庆祝。当然，你需要制定清晰的社群规则（明确哪些行为是不允许的），并严格执行，有时你必须做出艰难但正确的决定。这样的规则并不是为了限制，而是保护成员不被评判、攻击或利用，让社群持续给人安全感。

在建立和运营社群的过程中，你也会慢慢习得领导力。

你是被人追捧的 KOL，是社群的发起人，但这样的头衔并不会让你成为一名真正的领导者。领导力不是通过他人的服从和崇拜来实现的，而是通过获得他人的信任和尊重来实现的。去支持别人实现他们的梦想吧，你的梦想也会得到不可思议的支持。

2.5 个人品牌：先做自己，再做品牌

Live your truth. Express your love. Share your enthusiasm. Take action towards your dreams. Walk your talk. Dance and sing to your music. Embrace your blessings. Make today worth remembering.

——Steve Maraboli（史蒂夫·马拉波利）

我将这段话翻译为：活在真实之中，充分表达你的爱，慷慨分享你的热情，一步步迈向你的梦想，言行一致，沉浸在音乐中载歌载舞，敞开拥抱你的好运，把今天过得有意义。

什么是个人品牌

当你认为自己非常喜欢某个品牌的时候，你一定对它的产品感到很满意，你认同它的理念和审美，非常乐意参与品牌发起的活动，并且常常向你的朋友谈论你对它的喜欢。

维基百科上对品牌的本质的解释是："一个品牌是由消费者在多年的使用中所体验的感受积累而成，这些内在的感受就是那个品牌本身。品牌的本质是消费者内心对产品和服务的一种内在的感受。"品牌不是商标，不是一个名字，不是产品，是一种内在的感受。

你可以有逻辑地列出一长串你喜欢一个品牌的理由，但你的喜欢是一种主观的感觉。你和其他人对它共同的喜欢，塑造出了一种无形资产，也就是所谓的品牌价值或商誉。品牌价值的高低，由它的知名度、美誉度和忠诚度决定。

个人品牌就是围绕着某个人发展出的品牌，由大众对这个人了解、认可、喜欢、追捧积累形成。我们能看见的粉丝数量、上热搜的频率、网络上相关讨论的声量等，都是对个人品牌这个无形资产的体现形式。这样，看不见摸不着的喜欢和影响力，就有了可量化的商业价值。

在社交媒体时代，人人都可以通过在网上发布内容和作品，来建立属于自己的影响力和个人价值。如果你的初心和目标是建立个人品牌，那么一定要把自己放在核心位置，稳稳地扎根，一切发展都要围绕着你自己来进行，去不断拓展生命、打磨作品、积累影响力和口碑。建立个人品牌与围绕着一件事转（比如认真开一家面包店、饰品店等）或者围绕着一个平台转（考虑的核心是适应平台的机制去做账号），是截然不同的。建立个人品牌是一件复杂而长期的事情，这个世界一直在变，在动态的变化中，很容易就被执行层面的细枝末节扰乱视线，受到周围环境的影响。你需要时不时地往后退一步，深呼吸，抬头看看北极星，提醒自己当初为什么出发。

品牌介绍：你的个人故事和"标签"

现在这个世界缺的是普通人的真实，而不是成功人士的故事。如果你已经有个人代表作，就用它作为你最强有力的名片。拿出作品时，你不需要做太多解释，作品自己会说话。

个人品牌是围绕着你这个人来建设的,做自己就是在实现最好的差异化,因为你是独一无二的。去放大你的优势和特点,做一些美化,但不要过度包装,不要失真。不要去追逐流行的人设,比如"富家小姐""职场精英"等,然后把自己硬塞进去。如果你的目标是快速打造出一个虚拟偶像,那另当别论。记住,打造个人品牌是要以你自己为一切的出发点的。

列出自己的特质——那些突出的、特别的点,别管自己内心的评判。特质不是优点,当我们提到优点时,往往会局限在社会所普遍称赞的那些,比如乐观、勇敢、努力、善良,反而不够具体又千篇一律。去想想你自认为的缺点,有时你认为自己需要改变的地方,反而十足宝贵。从小令自己讨厌的缺点,现在却可能变成极具辨识性的特点,成为大家一下被你吸引并喜欢你的理由。初期阶段,最重要的是找到内容创作的感觉和节奏,去创造自己喜欢的、令你的内心充满热情的内容,并保持一个可持续的更新频率。个人品牌是基于大家在与你互动的过程中,积累的与你有关的感受。所以大家的反馈是极其重要的——通过你的作品,他们链接到的是怎样的感觉呢?他们都是如何评价你的？最频繁出现的关键词是什么？给你的留言都是在说什么内容？通常会留言问你什么问题？他们都是如何向别人介绍你的？

从大家的反馈中，那些反复出现的关键词，就能构成你的标签。好的标签具有差异化、易辨识、易传播、易记忆的特点，会帮你大大地提高个人品牌的宣传效率。但是，贴满所有标签等于没有标签。在讲述个人故事或者写个人介绍时，不要盲目地堆砌头衔或者身份来给自己增加底气，毕竟这不是一份求职简历，一开始的时候，你需要做一些取舍，选出最大的亮点来做宣传。身份是一个杠杆，能帮助你撬动资源和机会，但记住，它是为你实现最终的愿景而服务的。不要把获得一个光鲜的身份或者头衔当作人生的最终目的，要关注真正想做的事情和自我成长。

大家看到的闪光之处，最被你吸引的地方，有可能是你总结的个人特质中最不被你重视的，甚至从来没有被你看见过的。这些意料之外的发现，会拓展你对自己的认知，带你走向崭新的生命旅程。一定要记住，"标签""人设""故事"都是宣传工具。你会需要在不同场合，反复地去说自己的同一个故事，故事是真实的，但这个故事，不代表全部的你，别让这些"标签"变成你的"身份认同"。完整而真实的你，绝不仅仅是那些闪闪发光的"标签"和"身份"。就好像很多人白天会化妆，用精致的脸去面对外界，晚上回到家里，一定要记得卸妆。

"产品化"你自己，而不是"工具化"

硅谷投资人纳瓦尔说，要把自己"产品化"。"产品化"你自己，是基于你的专业能力融合经验、爱好、天赋、个人特点，设计打造出具有独特价值的"产品"。这个"产品"是富有你个人特色的，能够满足客户的特定需求，帮助客户解决难题。个人品牌能帮助你的产品产生独特性，独特性伴随着的就是稀缺性和溢价空间。

与此相比，将自己"工具化"意味着把自己视为一种工具，通常是指利用专业技能去完成某个特定的任务。简单来说，当你把自己"工具化"时，并没有用自己的个人特点、独特性为他人带来额外的价值。这样不仅很难脱颖而出，而且在竞争加大和市场变化时，往往没有主动权。

我的健身教练告诉我，他曾因为生病接受激素治疗而增重50多斤，重塑身材的过程非常煎熬，其间还经历了抑郁。他说："打不倒你的会让你变得更强大，健身健的不仅仅是身体，更重要的是锻炼内心的韧性。"我被他的故事深深地触动，问他愿不愿意把这些亲身经历分享在网络上，去鼓舞更多的人，同时在他的健身方案里加入情绪关怀、积极心理等内容，把模板化的健身计划转化为更加人性化的、有温度的"身心共塑"计划。而他曾说自己的缺点是"不够硬汉"，这反而成为他的个人品牌和产品的特色。

你也可以去打造实际的商品，在现实生活中已经能看到很多这样的例子，比如健身达人帕梅拉（Pamela Reif）推出个人健康食品品牌 naturally PAM，时尚达人宋艾米（Aimee Song）推出服装品牌 Song of Style，等等。与成立一个传统消费品公司不同的是，产品的设计和宣传策略都可以基于你的个人品牌来开展，让你的个人特色与这些商品息息相关、紧密相连。

在生活方式领域，可以同时推出商品、服务、活动体验等产品组合，提供更多元、更丰富的选项，让各部分互相加持，联动成长。比如我创立的身心健康品牌"窊里"，从本草养生产品延展出健康咨询服务、线下健康主题活动、旅修等，通过不同的互动形式，更好地与客户建立长期且深度的关系。

就像贾森·弗里德（Jason Fried）和戴维·汉森（David Hansson）在《重来》中写的那样，把你自己投射到你的产品中去，围绕着你的产品：你怎样销售它，怎样支持它，怎样解释它，怎样发布它。竞争者绝对模仿不了在你自己的产品中的你。一切的中心和起点，是你自己。

无论你要如何打造个人品牌，最重要的是先活出全部的自己，然后创造独特的价值，这是头等大事。只要你展示出了你独特的价值，具体产品的打造很有可能会是在人群的呼声中，自然而然地实现的。

利用自媒体去打造个人品牌，不需要任何权威或专家告诉你应该怎么做，不应该怎么做。不要给自己设置任何的限制，尽情去做自己真心想做的事情。你需要去听的，是那些真正关注你、支持你、购买你产品的人的声音，然后不断打磨升级你的产品，用你的独特价值更好地为他们服务。

个人品牌的积累：宣传与运营的协同

很多人刚开始进行自我宣传时会感觉到尴尬，包括我自己，可能是因为从小被教导要谦虚不要自夸，或者是担心自己不被认可，觉得自己不够好。这是你必须要扫除的心理障碍，你需要卖出你的产品，才能让它真正地为别人服务，为世界创造价值。当你发自内心地认可自己的产品，相信它为人们能带来正面价值时，你一定不会羞于宣传。使用你推出的产品（无论它是实物还是体验），也是一种与你互动的形式，可以加深对你的了解和信任。如果你的产品能为人带来正向的改变，会让人越看越喜欢，越用越喜欢，大家也会忍不住去分享给周围的人，主动当你的宣传者。

爱因斯坦之所以成为一名偶像级的科学家，不仅仅是因为他写出了"$e = mc^2$"这个公式。传记作家沃尔特·艾萨克森（Walter Isaacson）在《爱因斯坦：生活和宇宙》中写道："与普朗克、洛伦兹和玻儿不同，爱因斯坦变成这种偶像的一个原因是，他生就一副偶像坯子，而且他有能力、同时也愿意扮演那个角色。""他欣然接受采访，时不时夹杂着令人愉快的警句，他很清楚如何做成功的报道。"

如果你有独特的观点，有想要推动的变化，有想要让更多人接触到的产品，就一定要不断地去重复。我以前总觉得同样的观点说过一次就行了，下一次应该要找新的观点去说，才能给人带来新鲜感和新的价值。但其实，一个人从第一次听说某个观点或者产品，到逐渐理解、接受，最后真正地开始行动起来，需要经历多次的触达。重复等于强化。你需要在不同的场合，用不同的形式，不断地去推广你的理念，以增强你个人品牌的影响力。影响力是需要真正地在行动中去落实的。

你的内容创作和产品销售可能主要基于一两个平台，但你的宣传阵地一定要广泛而丰富。去组织线下活动，参与直播对谈、主题演讲，去别人的直播间或播客栏目做客，接受访谈邀请，参与论坛活动，和其他 KOL 共创内容……让大家在不同场合遇见你，接触到更完整的你，才能更了解你想推广的理念和产品。

运营层面的工作也非常重要，必须很清晰地让别人知道，哪里可以关注你，哪里可以买到你的产品，不然你和你的支持者共同努力去做的宣传会落空。还好现在的社交媒体已经把宣传和销售的渠道合二为一，大大地提高了转化的效率。

持续累积品牌资产，这是一件重要又长期的事。信任是一点一滴在日积月累中建立的。你需要持续地实现承诺，每次说要做什么事情，就真的去做起来，建立个人品牌与追逐短期的流量，或者做不同账号，需要穿越社交媒体平台变化的周期，在流量数据的起伏之间，保持长期平和坚毅的心态。

塑造个人品牌时，保持一致性是很重要的。一致性代表着你的价值观、个人形象、产品打造、营销方式等，各个方面串联得当、协同一致。这样才会给人深刻的、鲜明的印象，不会让人产生疑惑及前后不一的感觉。

一致性不代表一成不变。通过不断地拓展生命经历，你的想法会发生改变，你的个人品牌也会改变。如果这种变化，是随着你自身的发展自然发生的，而不是因为跟风、追赶流量而改变，就不会破坏你个人品牌的一致性，反而会一直给人带来新鲜感和活力。一成不变会让人审美疲劳，当你自己实现一次人生蜕变时，你的个人品牌也会完成一次升级。

产品得到收益后，别忘了分出一部分去回馈和感谢长期支持你的人。就这样持续地去做，你的知名度、口碑和影响力会螺旋上升。慢慢地，你的个人品牌将会变成你的人生资产，并转化为宝贵的商业价值和社会价值。你不需要到处去寻找和追逐机会，个人品牌是一个强有力的磁石，会不断地把机会、资源、人才、好运吸引到你身边。

2.6 portfolio life：用个人品牌串联多元人生

从现在起，你的人生没有选择题、特别是单选题这样的单一思考方式，只有多选与联集的创意思考方式，如此你的人生就不会只有标准色（红橙黄绿蓝靛紫），而可以有牛奶蓝（蓝＋白）、夕阳粉（红＋黄＋白）等千变万化的成果。

——《10 堂量子创意课》，李欣频

哈佛商学院教授克里斯缇娜·华莱士（Christina Wallace）提出了"portfolio life"（组合型多元人生）这一概念，她认为人们不应该再依赖单一的全职工作收入去生活，一份工作并不能代表一个人。组合型多元人生，是指拥有多元化生活结构、多重兴趣、多种收入来源。随着互联网的发展，再结合个人品牌的建立，去构建这样的组合型多元人生在当今已经颇具可行性了。

打破"工作"和"生活"的传统定义

我的 portfolio life 从"斜杠"开始——周一到周五做着金融行业的全职工作，周末时间则持续更新自媒体账号内容，利用时尚博主的身份开启了人生探索之旅。"斜杠青年"的概念在几年前曾非常流行，是指在一份全职工作之余，基于兴趣爱好来创造另一个身份，或者通过副业来获得另一份收入。著名科幻作家刘慈欣曾在发电厂做计算机工程师，作为科幻迷的他持续进行科幻写作，《三体》的前两部和《流浪地球》都是他在"斜杠"状态下的作品。爱因斯坦也曾是瑞士专利局的审查员，在这份稳定工作的基础上进行物理学研究。

艺术家们，无论是画家还是话剧演员，在还无法完全用艺术创作的收入来支付所有花销的时候，就会去做一份兼职，这也是"斜杠"的一种形式。"斜杠"是一个可行性很高的探索起点，在心理层面和财务层面，都属于高风险和低风险的平衡组合，但绝对不是最终目的。

随着数字化经济的发展，现在自由职业的形式也越来越丰富，你可以不再被一家企业以传统的形式雇用，而是让它成为你的客户或者合作对象。牺牲一些全职雇用所带来的安全感和稳定性（可能也是一种自我安慰的假象），去换取更大的创造空间、时间安排上的灵活度和自主性。你可以利用清晨最安静的时间专心工作，然后下午错峰去健身房锻炼。以最终交付的结果（而不是工作时长）来衡量你的工作，无论是在对工作范畴的定义，还是在协商报酬时，你都会有更大的主动权。

在社交媒体时代，组合型多元人生并不是同时做好几份工作，也不是以自由职业的形式同时做多个项目，而是像真正的艺术家一样去创造。充分发挥自己的才能、独特性、创意，同时利用自媒体公开进行自我表达，将自己的影响力放大。你个人品牌的影响力会远远超过你的社交媒体账号，创作也不局限于在账号上发布内容。

传统的职场里，工作和生活是分开的，女性总是会被问"该如何获得工作和生活的平衡"；工作和兴趣是分开的，人们常说的就是在工作之外有一个兴趣爱好能帮你很好地解压。但是，当工作地点、工作时间、工作范畴等框架慢慢消融，也就是时候去打破"工作""生活""兴趣爱好"这些词语的传统定义了。

以自己为原点去构建多元化的人生事业组合是一种新型的创业。创业不再意味着建立一家属于自己的传统型企业，而是利用互联网带来的可能性去创造属于自己的人生事业。你需要考虑和计划的，是自己的兴趣、热情、挑战、人生资产、现金流等。

工作和生活不再是完全分开的两个概念，而是你在人生中去做的不同的、喜欢的事情。这些事情当中，有些能够为你获得财务上的回报，不仅提供生活的保障，还能支持你进一步的学习和探索；有些事情则不必把财务回报当作一个考虑因素（这并不代表它不会为你带来回报）。

整合多重兴趣，活出多元跨界人生

经过多年的探索和尝试，我的 portfolio life 里有女性个人成长、身心健康、ESG 商业向善这三个领域，基于我的个人品牌，每个领域都可以进行内容创作、产品打造、推广合作、基于社群举办主题活动等。

不同领域的参与，可以用创意的方式进行整合，成为同一幅画里的不同元素。每一个领域或身份，好像调色板上的一个颜色，每一种颜色都独具魅力，而它们融合起来会更加丰富多彩。

比如当我与一个喜欢的可持续时尚品牌合作时，我可以作为融资顾问（金融专业背景＋自己创业时的融资经验）；可以用博主的身份与他们共创品牌内容，或者在我自己的社交媒体账号上进行产品推广；可以作为服务提供方为他们组织社群活动，策划与品牌"窕里"的联名款；也可以单纯地做品牌的忠实顾客……当然，以上所有的形式也可以同时进行！你可以随意调色，然后绘制出丰富多彩的人生画卷。

BBC 艺术频道主编威尔·贡培兹（Will Gompertz）在《像艺术家一样思考》中写道："作为人类，我们每个人天生就有创造的资本，而且还有创造的需求。我们必须表达自己，唯一要决定的是我们想要表达什么并想要通过何种媒介去表达——是建立一个公司，发明一个产品，设计一个网站，研发一种疫苗，还是绘制一幅画？……做出决定后，重要的就是坚持下去，不停地工作了：去学习、探究，准备好迎接那不可预知的提示，它会促成令人愉悦的发现——发掘属于自己的独特的艺术风格。"

如果你也和我一样，有多个感兴趣的领域，先不要急着在头脑里进行理性分析，然后就根据头脑中的这些声音去选择一个方向；要基于你的个人品牌，通过亲自去做的方式一一进行尝试。有的兴趣你会浅尝辄止，很快你就知道你只是喜欢它带给你的幻想，有的你会深入探索，遇见意想不到的风景。这是一个有趣的过程，每一个领域都有各自不同的挑战和机遇，你会不断地与自我对话，会在取舍中挣扎，也会越来越了解"我是谁""我想要什么"。

渐渐地，你会发现最终留在你生命中的东西，是可以通过你自己的独特性而串联起来的，同时基于你的个人品牌而保持着风格的一致性。我的 portfolio life 中的三个领域都围绕着"可持续的生命力"这个主题展开，不同领域之间是协同发展、互相促进的。

我有一个好朋友，她是一名建筑师，在香港的一家建筑师事务所工作，一开始的时候并没有打心底里喜欢这份工作。后来她在"博主"刚刚兴起的时候，搭建了个人网站，开始分享时尚穿搭，我们就是在那个时候认识的。她说，在深入研究摄影技术的过程中，她才开始意识到自己对于建筑美学的喜好，并真正开始学习欣赏艺术和文化之中的美学。

后来，她辞去全职工作创立自己的设计师时尚品牌，把建筑里的线条和空间感融入服装设计。一次偶然的机会，为了给好朋友的项目"救急"，她帮忙设计了一个商场里的快闪店，随后收到更多设计体验空间的邀约……她这才意识到，"空间"才是她一直以来的创造载体，建筑师、摄影、时尚品牌、室内设计都是围绕着"空间"进行创作而演化出的不同身份和形式。她完全不需要去纠结到底要选择哪一个方向，创造的可能性是基于自己的才能和热情，向四面八方无限延伸的。

未来会有越来越多的人不再拘泥于某一种既定的工作形式，大家就像超级英雄电影里的角色，有着自己独特的"超能力"，为这个世界的美好发展发挥自己的才能，共同协作，就好像"复仇者联盟"那样！

动态管理 portfolio，拥抱变化和可能性

"portfolio"在金融领域里是"投资组合"的意思。你需要把自己的金钱，按照不同的比例分配，去投资不同的金融产品，最后获得一个多元的投资组合。这个组合不是一成不变的，宏观经济环境会变，你的风险偏好会变，组合中的某些部分也会随着时间流逝而发生变化，不再是一个好的选择，这些情况下你都需要不断地调整你的投资组合。

在建立个人 portfolio life 时也一样，你需要分配不同比例的时间和精力给不同的领域。记住把个人成长、乐趣、热情、个人价值感都作为重要的"回报"考核指标，而不只考虑金钱和地位。

每个领域所分配的时间和精力需要你根据变化或机遇的出现，积极地进行灵活调整，比如，当你家庭里有新成员加入时，就会需要把能够稳定产出现金流的领域扩大；或者当某一个方向突然出现机遇，就快速地进行调整，及时抓住。

一定要以动态的、长远的、全面的眼光去看待自己的 portfolio life。你的组合中是否有长线投资的部分？是否有

某个领域需要你花相当长的一段时间去持续地学习、积累、沉淀，并且不能在短期内给你带来任何回报，但会成为你10年之后的人生"第二曲线"？你同时也需要定期梳理，及时去掉那些不再适合自己、不再能够支持你进一步发展的事情。

　　其实，这就好像在一个有机农场里，不同植物的播种期、成长期、收获期都不一样。多种收入来源交错，能够持续地支持你和喜欢的人一起做喜欢的事情，从而不断地在滋养中成长，活出幸福又充实的人生。

Sunflower
向日葵

花语：勇敢和希望

向阳而生，敢于行动，直面挑战

去成长

Grow & Experience

3.1 自我认知力:在迷茫中看清"喜欢"和"擅长"

我觉得天赋就像地下水——你要用自己的努力先挖一口井,它才会喷发出来,所谓"才思泉涌"。……我相信后天努力——努力,并非只得是用蛮劲儿,也指唤醒自己的才能。我们都拥有这方面的才能。一个人的天赋如果没有被"唤醒",那也是处于平庸的沉睡状态。

——《写出我心》,
娜塔莉·戈德堡(Natalie Goldberg)

天赋的英文是 gift（礼物），我们天生就擅长的事情，就好像上天馈赠的礼物。擅长是客观的，是天生的潜能，它就在那里，不太会变。喜欢是主观的，是内心的一种倾向，可能会随着年龄变化。

如果给"天赋"和"喜欢"赋予你主观上的巨大热情，它们就会变成大家常常讨论的"天命"和"热爱"。无论用什么词语表述，它们就像是藏在我们身体里的宝藏，静待我们去挖掘，并用之进行创造。

找到自己擅长和喜欢的东西，并不会让你一下子变成"人生赢家"。要把天赋和喜欢转化为能力，这需要不断进行刻意学习和锻炼，再逐渐内化成一种特质和素养。

从外界声音里发现"擅长"

做自己擅长的事情，往往不会太吃力，能品尝到努力就有收获的成就感。追随内心做自己喜欢的事情，一定会感觉到活得有热情，不会有什么遗憾。如果能两者兼备，就能创造出一个螺旋上升的良性循环，你会为这个世界创造出无限的价值，在被需要、被认可的同时，又在不断精进和提升，从而看到更高处的人生风景。

然而，去发现自己喜欢什么、擅长什么并不是一件容易的事情。我上学的时候没有明显的偏科，所有选择都是根据外界的标准来做的。那个年代，理科好就是"更聪明"的表现，于是我就选择了学物理和化学。大学选择了会计、金融这类专业，因为在外界眼里，这类专业比较容易找到工作，工资不错且适合女生。

后天习得的技能，无论是不是自己喜欢或擅长的，都是一项谋生的能力，让我们可以独立自主地生活，并成为探索未知世界的起点。你还可以用这些技能获取一些机会，参与到自己觉得有趣的项目中去，比如通过协助赞助商的对接参与人文纪录片的拍摄项目；给创业者画自画像，换取采访他们的机会；等等。哪怕将来的事业方向彻底改变，也可以把这项技能整合进自己的人生蓝图，形成自己的优势或特色。

社会心理学家乔瑟夫·勒夫（Joseph Luft）和哈里·英格拉姆（Harry Ingram）提出了"乔哈里视窗"理论，也叫"自我意识的发现—反馈模型"，可以帮助我们更好地认识自己，也非常适用于去发现自己喜欢和擅长的领域。

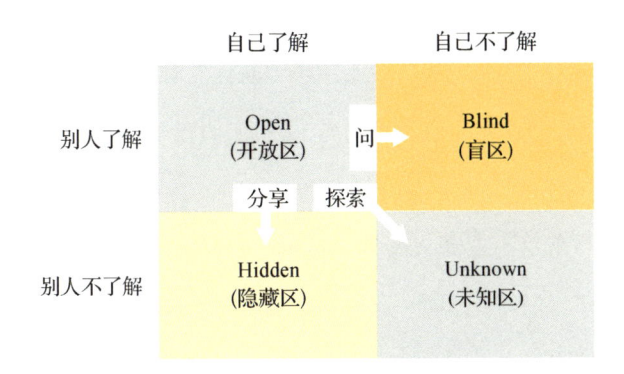

	自己了解	自己不了解
别人了解	Open（开放区） 问→	Blind（盲区）
	分享↓ 探索↙	
别人不了解	Hidden（隐藏区）	Unknown（未知区）

"乔哈里视窗"从自己与他人的角度，以"了解"或"不了解"为标准，把人的内在分成四个部分。

　　Open（开放区）：一个你自己熟悉，大家也熟悉的你。

　　Blind（盲区）：别人都看在眼里，但反而被自己忽略了的特点。

　　Hidden（隐藏区）：不想让别人发现的自己。

　　Unknown（未知区）：自己和别人都未曾发现的一面，也被称为"潜能区"。

一个人的"开放区"越大，他的自我了解越多，安全感也会越强。想要拓展"开放区",可以从询问反馈、主动分享、探索三个方面出发去缩小"盲区"和"隐藏区"。我们都可以开一扇"乔哈里窗",去打破自己的心墙,看见未知的自己。

马歇尔·古德史密斯(Marshall Goldsmith)和马克·莱特尔(Mark Reiter)在《丰盈人生》里写道:"在足够长的时间里,至少是一个月,把每一次别人对你说的关于被你自己一直忽视的潜力的话都记下来。你并不只期待赞美,期待的是如何让自己变得更好的见解。"自己擅长的事情,别人有时反而看得更清楚。因为对你来说很容易就做到了,完全没有用力,会觉得"这算什么",可能就忽略了。

在社交场合中,公开表达自己,也是获得很多反馈、拓展自我认知的绝佳方式。比如留意他人评价你时会反复用的形容词,主动询问身边了解你的人,与你深度合作过的人,问问他们眼中的你是什么样子。"女生天生敏感,善于沟通"这样带有性别刻板印象的通用评价,其实我觉得并没有什么意义。

不再执着于"更好的自己",以及去满足别人的期待的时候,才能真正地看见完整的自己。在我还抱有想要"证明自己能比男生厉害"的念头时,我只愿意听那些刻板印象里偏男性化的夸赞,比如非常理性、逻辑思维能力强,等等。而当别人说我有亲和力、很有共情力时,往往被我忽略。所以有时候不是身边没有足够的真实反馈,而是我们自己会"选择性失聪"。

《丰盈人生》里还写道:"找到你的天赋需要时间,至少要在成年后花上 10—20 年才能找到答案。在你所获得的知识和能力的基础上,不断将自己暴露在遇到的新的人、经验和想法面前,取其精华,最终你会缩小范围,专注于最有可能吸引和满足你追求的事情上来。"

认识自己、了解自己会是一段很长的旅程,一些细碎的线索会在过了很多年之后,才被重新串联起来。这个抽丝剥茧、寻找线索,逐渐把拼图拼得更完整的过程,是非常有意思的!中途你可能不得不拆掉好几块拼图,因为先前有一片拼错了,虽然刚按上去的时候觉得是对的,但再继续多拼几块之后,就会发现不太对劲。这完全没关系,拆掉重拼也是过程中的一部分,边做边检视边调整就好了。

从内心探索中遇见"喜欢"

如果说我们"擅长"的东西是从外界的反馈中发现的，那么"喜欢"则是属于自己内心的真实触动。这里强调"真实"——你是想要做给别人看，还是喜欢它给人的印象/联想/光环，还是就是喜欢做这件事本身？或者这么问，如果不能发朋友圈，不能告诉任何人，你还会想做这件事吗？

比尔·博内特（Bill Burnett）和戴夫·伊万斯（Dave Evans）的《斯坦福大学人生设计课》里分享了一个可操作性很强的小技巧，叫作"美好时光日志"。

"美好时光日志"中包含两个元素：一是活动记录（记录能让你全身心投入并感到能量充沛的活动）；二是反思（哪些活动让你有收获，收获是什么）。

活动记录只需要列举关键活动，以及在这些活动中有关投入精力的情况。你的任务是深入了解你一天中发生的每一个具体事件，捕捉一天中的快乐时光。建议一周反思一次。

形式和模板并不重要，也不强求每日记录（避免打卡、完成任务的心态），重要的是自我观察和记录本身。灵感好像一个个调皮的小精灵，有时候刚露头就飞快地跑走了。我随身携带一个小小的、好看的"灵感笔记本"，有什么观察和想法（或者是疑惑）就会记录下来，有时候也会记在手机的备忘录里。有空时多浏览、整理和反思这些内容，特别注意那些反复出现的关键词，其中往往藏着一些生活的密码。

不要太快太坚定地给自己下定义，给自己多一些松动的、灵活的空间。随着心智层次的变化，很多感受是会发生变化的，曾经坚信不疑的想法也可能动摇。找到自己喜欢的事情，并不代表你会立刻成功或者感觉幸福。如果对此抱有执念，觉得找到热爱就能解决你生活中所有的迷茫和困惑，那你会一看见什么东西就要去"紧紧抓住"，觉得自己从此找到了答案。

我在创业初期特别享受那种有目标、有激情的感觉，我把这种"燃烧"的状态看作一种自我身份。我曾对"自己做老板"这个概念非常向往，认为那是一个可以去证明自己能比"职场精英"更优秀的方式。大家在讨论"职场精英""创业""开公司""做博主"这些词时，往往也都只是给这些词套上了一些表面的形式和想象光环。当我不再特别固执地去追求形式上的优秀，不再骗自己那些就是自己喜欢的事物时，心里才有了一个新的空间，真正的"喜欢"也才慢慢被看见。

也有一种可能，当你说不感兴趣时，是默认自己做不到；说自己不擅长时，是害怕失败。

一个熟悉的读者曾在参加完我举办的线下见面活动后，告诉我："juju，你分享的时候一直在发光。你的眼睛，你的脸颊，你整个人都在发光！"每一次举办线下活动，连续说话几个小时后我反而感觉更加有能量，而且胸口暖暖的，这种感觉会持续好几天。公开表达确实是能给我带来滋养的，但我其实小时候特别害怕在课堂上发言，哪怕知道答案，还是会在老师点名的那一刻吓到心都要跳出来。一群熟悉的朋友在一起聊天时，如果在我说话的时候大家一起齐刷刷地看着我，我会控制不住地脸红，然后感觉无地自容。

微信公众号小有成绩之后，我被邀请去一个职场女性的活动进行分享，为了挑战自己，我答应了。然而在答应之后的两个月里，我每一天都处于紧张和焦虑的状态，几乎没有睡过一个安稳觉，每一天都在后悔为什么要这样折磨自己。我告诉自己，到时候不管讲得如何，只要没有逃跑就算胜利。

谁能猜到后来，举办读者线下活动居然成了我的特色项目，从20多人的亲密对话到500人的大型见面会，我总共与5 000多名读者见过面。低谷的时候，在读者见面活动上，我表达了自己的脆弱和真实的心情，反而收获了重新启程的勇气和力量。这些是我以前想都想不到的，更不是根据自己已知的"喜欢"和"擅长"去计划的。

在不间断地更新了几百篇文章之后，我依旧觉得自己是不喜欢写作的，可能是小时候很讨厌写作文，形成了条件反射。几年前有出版社的编辑邀请我出书，我只觉得很好笑，婉拒说自己是瞎写写而已，哪"够格"出书呀！那时，我认为像余华、亦舒那样的人，才有资格出书，被称为作家。直到后来在创业的过程中遇到很多挑战，我发现每当自己感觉焦虑和沮丧的时候，就会习惯坐到熟悉的书桌一角，安安静静地开始写东西，整个人慢慢变得平和。原来"喜欢"是一种可以让人安心的感觉，是细水长流的行动，而不一定是充满激情的狂热。

一些帮助你发现"喜欢"的线索：

- 在低谷期给予你能量和养分的事情。
- 在没有压力、没有外界的推动力、没有实际利益的时候，你依然会想要去做的事情。
- 真正打动你内心的东西（注意那些你因为被触动而情不自禁分享给好朋友的文章、视频、产品、电影等）。

还有一些人的烦恼是，自己擅长的，或者说是做得挺好的事情，内心却并不喜欢。奥地利心理学教授阿尔约沙·诺伊鲍尔（Aljoscha Neubauer）在《做自己擅长的事，还是喜欢的？》书中分享了一个实用的小建议：给你的天赋一次机会——"只要某种特定的活动不会让你全然抵触，那就应该尝试给自己的天赋一次变成才能的机会；就算它并不是你最感兴趣的事情。当人们成年以后，天赋比兴趣更不易被改变。"擅长的事情是比较容易变成喜欢的，因为来自外界的正面反馈会让你感觉很棒，你可能会不由自主地开始喜欢上它。

发现自己身上的未知就好像一个寻宝游戏，在发现线索并继续往下走的过程中，我们对自己的了解更加完整，甚至重新认识自己，这些都是非常有趣且有意义的。

拆解 + 重塑，绘制属于你的生命蓝图

不要只从现有的行业、职业、工作岗位的角度去思考自己喜欢做什么，擅长做什么。从小接收到的外界信息会令我们不自觉地从"找工作"的角度去看待事业的可能性，比如想着以后要去四大会计师事务所、去 4A 广告公司，或者去互联网大厂。要去大公司还是小公司，生活在大城市还是小城市，是一直打工还是去创业，这些都是经典的人生选择题。然而这样的探讨和选择都是在已有的形式下进行的，在出发点就已经被定义、被限制。

所有行业都在不断变化发展之中，很多岗位会消失，曾经光鲜的职业会变成大家都抗拒的，也有很多新的需求不断冒出来，甚至来不及被正式定义。我从小就很喜欢旅行，家人说难道你要去做导游或者去旅行社工作吗？所以小时候我就以为旅行只能是一种兴趣爱好。随着互联网的发展、社交媒体的出现、人们需求的改变，旅行这件事里已经诞生出多种多样的创作形式和不断更新的商机。旅行不仅可以拍摄 vlog，编写旅游攻略，旅途中发生的故事也是我写"个人成长"主题文章的素材，今年我开始举办身心健康主题的旅修活动了。

大多数新事物都是现有事物的重组，虽然外部环境的变化越来越快，但没有什么东西是在一瞬间凭空出现的。面对这个模糊的、不确定的、更加虚拟的世界，我们要让自己保持在流动和开放的状态，就好像在大海中去时刻感知潮汐、洋流和海风的变化。不仅仅是拥抱变化，更要与变化合一，自己也随时演化，成为一种灵动（灵活＋动态）的存在。

将个人身上能发展的潜能拆解再拆解，会发现有很多能力是与这个世界交互的基础能力，无论你从事什么行业，选择什么样的生活方式，这些都会是至关重要的"元能力"。"元能力"包括情绪力、感知力、创造力、行动力、表达力等。你可以把这些"元能力"关联到任何具体的领域，发展出新的事业生命力。所以，你不必担心自己学的专业以后不好找工作，或者适应不了行业、工作岗位的变化。就算是进到一个全新的行业，你也绝对不会是从零开始。你要做的是把不同的领域进行串联，培养创新视角和"跨界"思维，打造属于自己的差异性优势。

你还可以通过与不同领域的人合作项目的机会，从新的角度持续不断地发展自己的"元能力"，同时发掘自身新的潜力和兴趣。不要只是等待空缺职位的出现，而是要去思考自己能为他人做些什么，能创造出什么（无论是实物还是感官体验）。

不要因为一些工作岗位看起来光鲜亮丽就去盲目追逐，那只不过是一种暂时的光环，外界照上去的光何时灭掉是不受自己控制的。要自己去发光，然后照亮脚下的路。

3.2 全域学修力：知行合一，成长没瓶颈

现在你不要去追求那些你还不能得到的答案，因为你还不能在生活里体验到它们。一切都要亲身生活。现在你就在这些问题里"生活"吧。或者，不大注意，渐渐会有那遥远的一天，你生活到了能解答这些问题的境地。

——《给一个青年诗人的十封信》，莱内·马利亚·里尔克（Rainer Maria Rilke）

学修力（Learn & Reflect）指的是学习的过程中同时实践和反思，将知识内化成属于自己的思维方式和智慧从而实现成长。在书本上学习理论知识时，千万不要太咬文嚼字，或者盲目崇拜、迷信理论。理论的价值在于引出你的一些感受，让你更深度地发现自己，更好地去体验这个世界。用实践去推动学习，才能找到属于自己的答案。

知易行难，学到不等于做到

我本科的专业是会计，研究生学的是金融，毕业后投行的工作并没有让我真正感知到理论知识和实践之间的鸿沟。毕竟行业研究报告、公司财务报表是我大多数的工作内容。

2019年夏天，我去非洲肯尼亚参与一个与女性教育相关的国际项目，帮助当地没有接受过教育的女性学习一些必要的生活技能，更重要的是去激发她们自力更生的信念和决心。志愿者们需要根据自身背景选择一个领域，把自己熟悉并且认为对当地女性的生活有帮助的技能，形成易于理解和实践的课程并教授给她们。

一个美国女生教授了呼吸和正念冥想的技巧；一个澳大利亚男生教授了一些逃生技能，比如在火灾中如何逃生，如何扛起体重比自己重的伙伴，等等。而我考虑了很久都想不出自己可以教授什么真正有用的生活技能，熟悉的营养学和运动塑形知识肯定是不合适的。

听说当地没有太多给予女性的工作机会，她们常常需要在路边做些小买卖来维持生计，于是我决定教她们记账和管理运营资金的方法，以保证自己手上总是有一些现金，可以维持日常生计。毕竟在平时的工作中，我常常需要在财务模型里做相关的数据分析，因此当时对自己教学的内容也是信心满满。

然而在自己开始创业后，实实在在地开始做一些事情时，才明白在思维层面理解一个概念和在亲身经历后真正理解，是完全不一样的体验。创业初期，公司的资金并不充沛，每支出一笔资金都要深思熟虑，然后由我亲手从银行账户中支付。有时会感觉犹豫不决、忐忑不安，但下定决心后就必须为此负责，这一系列身体和情绪的深度交织，就是"体会"。

汉语有"体会""体悟""体察""体证"这样的词语，它们都在表达：道理必须由你自己去经历，真正全身心地感受过，才能理解并触及那种境界。否则这个道理不过是别人灌输给你的一些话术罢了。

治愈系电影《小森林》里的女孩说过一句话："不管什么我都必须自己做一遍，不能单纯相信言语，用自己的身体真实体验到的才可相信。"我也相信，全身心的真实体验，远比书面上学到的技巧更宝贵。在日常的每一件小事中，都蕴藏着机会去实践曾经听过的道理。你读 100 遍《被讨厌的勇气》，也不敌你真的拒绝一场不想去的应酬更能体验什么是"知行合一"。

记得有一阵子我很热衷于阅读关于谈判和协商沟通的书，市面上畅销的、不畅销的都买回来读。不仅做了很多笔记，还总是兴致勃勃地和男朋友分享新学到的理论，迫不及待地想要在工作项目中大展身手。有一次我们想去一家餐厅吃饭，结果工作人员告知没有座位了，我就很失望地说："那算了，换一家吧。"结果男朋友"不屈不挠"，和工作人员沟通了一番，终于为我们俩争取到了一张桌子。走进餐厅的那一刻，我感觉非常惭愧，读了那么多谈判的书，却还是第一时间就接受了被拒绝。其实生活里有很多机会，供我们不断练习。后来我慢慢接触了各种大大小小的谈判和协商场合，无论是做甲方还是乙方，把一个又一个的"不行"变成"这样的话……也行吧"，我在实践过程中琢磨出了更适合自己的方法和技巧。

摸索学习法：先做起来，边做边学

一个道理或智慧，要在思维、情感和身体三个层面全方位地被感知，才能彻底成为自身内在的一部分。这种内化的过程并不总是需要以学习书面知识为开端。

8年前，仅仅是因为在周末喜欢研究如何在上班时穿得又时尚又不失职场风度，我开创了微信公众号，没有计划、目标，一段奇幻之旅就是这样不带任何预设地开始了。

没有拍摄经验，我就先把手机支在书架上自拍；不知道怎么排版，就把公众号后台打开看看；不知道怎么涨粉，就先把第一篇文章发布出去再说！我的人生信条里有一条很重要，就是先把事情做起来再说！不需要先学会怎么做再开始去做，可以先做再学，边做边学！

这种摸索着往前走的方式，在现在高速变化着的世界里，更具有实操性。过去，大家都是先花 4 年时间学习一个专业，然后根据专业找工作。对于现在的年轻人来说，这样清晰的发展路径，大多已经不适用了。摸索前进，就是尽可能地用自己真实的感知去理解当下的环境，获得一个大概的感觉——下一步可以试着往哪里走。就好像漫步在陌生的森林里，你需要随时保持觉知，去判断道路是不是越来越泥泞，或者越来越陡，气温是不是在慢慢升高，周围是不是开始出现一些不一样的植物……

用自己的双手真正地摸着石头去探索，同时感受周围环境的力量——是阻力还是推动力，这样才能形成一种做事的手感。摸索是现在要学会的一种学习方式，因为世界变化太快，根本来不及等别人去总结方法。

直到好几年后，我才在一篇文章中读到了"最小可行性行动"（Minimum Viable Action）这个概念。意思是采取最小、最基本的实际行动，在实践中不断获取信息和学习，再随之改进和修正下一步的行动。读到这段时，我不禁笑起来，原来这么多年我一直践行的"先把事情做起来再说"的道理，还可以用这么厉害的术语来表述。

我们每个人身体里都有那种天生的、真实的好奇心。

比如，当有一个红色方形积木和一个蓝色圆形积木摆在我们面前时，我们会立刻在脑中用红色/蓝色，或者方形/圆形来区分它们。而小孩子呢，会直接把积木抓起来，在手里捏一捏，放嘴里舔一舔，然后往地上一扔，看看它有什么反应。

长大后的我们习惯于通过文字和概念的方式，从理性层面去认识这个世界。有些说法明明只是观点，却变成了如同"万有引力"般的真理，是时候让身体内天真的好奇心重出江湖了。

打造自己的终身成长私塾

想象你现在是 18 岁，即将进入一所为自己量身打造的大学，你会为自己设计一个什么样的专业？会开设哪些课程？会准备怎样的教材？会采用什么样的方式来测试学习成果？

如果你过去的专业是父母和社会帮忙选择的，那从现在开始，你全权负责自己接下来的人生。学习和成长是持续终身的，为自己打造一所私塾吧，自己去找教材和学习资料，用输出的方式来学习，用作品来检验学习成果。随着自己和世界的变化，灵活地调整学习安排和进度。

在打造私塾的过程中，我想象自己在种一棵"认知树"，它有根、主干、分枝和叶子，构成我的"认知脉络"。

- 根：教你如何学习的书，学会如何从土地里吸收养分。
- 主干：常读常新的智慧书，高维度地启发你对生命的理解，带给你精神力量，帮助你持续优化自己的世界观、人生观、价值观。
- 分枝：具有实践性的专业书，教你落到实处的知识、方法和技巧。
- 叶子：信息。你会不断吸收新的信息，并循环代谢。叶子的生长有周期性，会有茂盛的时期，随后会过时、枯萎、掉落。

人类环境学者米克（Joseph W. Meeker）说："没受过教育的人也能获得智慧，木匠、渔夫、家庭主妇之中也有智慧之士。智慧存在时，表现方式就是认识到事物之间的相对性及关系。它是对生命整体的觉知，同时清楚看到个别事物的具体独特性，以及相互关系中的细节……智慧不能被限定在任何专业领域中，它也不是任何学术科目；它是对万物整体的辨识，超越学术。智慧就是理解复杂性，接受关系。"我们的教育总在教授方法，从学校里毕业之后，我们学会了用所学知识谋生，却没有被培育出获得灵感与开创新事物的能力，这样的状态不可避免地导向螺丝钉般的生活。

智慧的书要从源头去读，我们东方古老的经典书籍，比如《易经》《道德经》《孙子兵法》等，蕴藏着挖不完的智慧宝藏。西方的企业家，尤其是硅谷的科技创业者都爱读东方智慧书籍，受欢迎程度比较高的是《道德经》《孙子兵法》等。

专业领域的书单如何去找呢？我一般会先请教在这个领域已经工作多年的朋友（前提是我很信任这个朋友的学识和智慧水平），我会请他推荐两三本相关领域的书作为阅读起点。如果我读了之后觉得非常认可，那么这本书的作者，就会是我在这个领域学习过程中的第一位老师。接下来就是"顺藤摸瓜"——去搜索书里提到的其他书籍、作者、理论等。如果这位老师经营社交媒体，那就等于找到了一个宝贵的"泉眼"。

我计划持续学习的专业领域，有四个大的分支，再从大分支上延展出更细的脉络。

- 商业领域：我在本科学习了会计专业，研究生进修了金融，在创业的过程中，通过逐步开展的公司业务，开始学习商务管理、市场营销、电子商务、人力资源、供应链管理等专业知识，以后也会持续地以做事来带动学习。
- 身心健康和人文领域：心理学、营养学、中医、有关人与人之间的关系和情感、有关人与大自然的关系。持续进行冥想等身心整合的练习，提升精微层面的能量感知；去大自然里旅行，看不同的风景。
- 创作和艺术领域：学习艺术与鉴赏相关的知识，理解艺术家们是如何思考、创造的。结交艺术家朋友。深度开发视觉性的创作，比如摄影、影片制作。
- 科技领域：学习使用人工智能工具，协助自己更好地工作和创作，阅读关于人工智能、科技、太空、环保、可持续发展等方面的资料和书籍。

学会筛选：你摄取的是"精神营养"还是"信息垃圾"？

我们每天接受的资讯，就好像每天吃进肚子里的食物。摄入有深度、高质量的资讯，如同吃进去丰富、有营养、没有有害物质的食物，给头脑和心灵提供运转的能量和发展的营养。

读不同的书，就好像吃不同的食物，会给人完全不同的感受。看一些关于人文和自然的书，好像在吃一盘新鲜又丰富的沙拉，充满了自然的生命力，有营养也有生活情趣。有些温暖的文字，比如读林清玄或者林曦的书，好像在喝一碗暖暖的粥，不仅容易消化，而且能抚慰人心，特别适合在身心能量比较低的时候读。学术性很强的书，就好像一大块结实的牛肉，身心能量充沛时去吃，就能转化为营养，否则会消化不良。

在短视频里学习就好像吃代餐，代餐看起来营养全面，但实际上是深加工食品，和从完整的食物里吸取的营养，对身心的滋养是不一样的。消费信息不代表学到知识。有些假装成"正能量"和"自我成长"的内容，实际上是在贩卖焦虑，就好像打了过量农药的蔬菜。刷太多的短视频，会让人注意力难以集中，从而失去获得深度沉浸体验的机会，推送机制也会造成信息茧房。在信息爆炸的今天，付费获得高信噪比的资讯订阅，是有重要价值的。看资讯解说、时事点评等观点类的内容时，心里要清楚，你得到的是"二次反刍"后的内容，会带有解说者的思维、情感、倾向，一定要注意分辨、筛选，不要照单全收。

3.3 即刻行动力：找回想做就做的勇气

荣誉不属于评论家；也不属于当强者跌倒或者实干家做得不够完美时在一旁指手画脚的人。荣誉属于真正在竞技场上拼搏的勇士，他的脸上沾满了尘土、汗水和鲜血；他顽强拼搏；他不断犯错，屡屡失败。因为没有哪一种努力不会出现错误和缺点；但是，他依然奋力完成；他懂得满腔热情、倾力奉献；他投身于一项崇高的事业。他知道，最终，最好的结果，他能够取得伟大的成就，而最糟的结果，即便失败，至少也敢于担当……

——《竞技场上的人》（演讲），
西奥多·罗斯福（Theodore Roosevelt）

一只小象如果从小被绳子拴住，长大之后哪怕绳子已经不在了，甚至它已经完全可以自己挣脱绳子了，它还是会习惯于待在绳子长度的范围之内。没有行动力的人，就好像那只小象，不敢迈进陌生的领域，以为走错了一小步，就会发生极其可怕的事情。

事实上，人在婴孩时期是无所畏惧的，脑海中完全没有"害怕跌倒"这个概念，就只是摇摇晃晃地尝试站起来。只是在学会语言之后，你听到了太多的"小心""不行""不能"，就束缚了自己的行动力。那些一直提醒你要"小心"的人，最后只会让你的"心"真的变"小"，小到容不下一点点的变化，于是你看到什么都会觉得很害怕，处于没有安全感的状态里。

很多时候，外界的规则和标准都是为了削弱你的力量，这样就能控制你。学会分辨外界的声音，它们是想要控制你，把你变成一个提线木偶，还是让你更坚强、更自由、更包容。不要让从旁人处听到的"规训"变成阻碍你前进的"牢笼"。

小象不需要和狮子进行一场搏斗来获得勇气，它只要大胆迈出一步就行了。只要迈出那小小一步，就会发现，所有束缚它的东西，都不过是存在于它的想象中，并不是当下的真相。所以,你不是要学习如何获得行动力,而是要消除那些会剥夺你内在能量和勇气的阻碍,重新"找回"自己天生就有的行动力。

无论发生什么,我都可以应对

父母总是会担心自己的孩子不安全,哪怕孩子已经成年,完全拥有独立生活的能力了,他们依然保持着担心的习惯。担心并不是关心,真正的关心是带着爱、信任和祝福的积极能量的。

担心的话听多了,会让人在心中刻下"这个世界很危险"的印象,并且潜意识里相信,如果发生什么以前没有遇到过的状况,自己肯定没有办法解决,那会是很可怕的。所以我们总会想要先有一个答案,比如一个方法、一张地图、一本手册,然后再决定要不要出发。这也是为什么大家都很喜欢看别人写的攻略,希望有人能提前告诉你会发生什么,会遇到什么问题,需要怎么做。别人写的人生攻略或许会有一定的参考价值,但怎么可能完全适用于你呢?千万不要照着别人的攻略去过自己的人生。

从底层破除"我无法面对所发生的事情"的限制性信念，从审视自己的日常用语，与自我对话开始。语言的影响力比我们想象中的要大得多，大多数时候我们都不太注意细节用语，但只要多加注意，就会发现有些用语会削弱你的能量，而另外一些用语则会激发你的能量。

会削弱你能量的用语	会激发你能量的用语
我应该…… 我不应该…… 我必须…… 我不能……	我可以…… 我选择…… 我决定…… 我想要……
我怎么什么都做不好？	没关系，这是一次很好的练习
不要紧张	我很兴奋
这是一个问题	这是一个机会

平时留意一下，在和别人聊自己的计划和想法时，你有多频繁地使用"我应该……"这一用语。到底是哪里来的"应该"呢？是哪一个人或者权威机构告诉你"应该"要做什么的？你是如何开始顺从这些声音的指令的？"我应该"时时提醒着你的人生没法按自己的想法来，只能跟着别人的既定规则走。

"我选择""我决定"则蕴含着为自己做决策，愿意为自己负责的强大力量。也许语义上的差异看起来微不足道，但当越来越多富有力量的词汇频繁出现在你的表达中时，你的潜意识会让你变得更有行动的勇气。

"你怎么什么都做不好？""为什么别人可以做到，你却做不到？"你平时会对自己说这样批评自己、责怪自己的话吗？不管你从什么时候学会的这样的话，但当你下一次情不自禁要这样说时，请立刻换成"没关系，这是一个学习的过程""这是一次很好的练习"。然后感受自己内心的变化。

留意一下明星或者顶尖运动员上场前的采访，当记者问"马上就要上场了，你感觉怎么样？"的时候，他们大多会说"我很期待""我很兴奋"，而不是"我很紧张"。从他们身上我学会了一个实用的小技巧——每次演讲前如果感觉心脏怦怦直跳，手脚发软，不要劝自己"不要紧张！"，而是对自己说："马上要上台了，我很兴奋！"兴奋是一种积极的、充满张力的情绪，会让人跃跃欲试。

你有没有注意过自己平时习惯说"控制情绪"还是说"拥抱情绪"；是说"打败焦虑"还是说"与焦虑共处"？我曾看到一篇文章的标题是"战胜失眠"，我想也许是潜意识里想要战胜的东西太多了，才是失眠的真正原因吧？那些不曾被注意的日常用语，往往透露出一个人的人生态度。

真实的我，有时会跌倒

害怕失败，害怕失败后被人嘲笑，害怕丢脸……这也是很多人不敢迈出第一步的原因。模特在T台走秀时最怕跌倒，何况媒体还热衷于拍摄和宣传这些出糗瞬间，时尚品牌AVAVA却专门设计了一场"摔倒"主题的走秀，每个模特走到T台中间都会"不小心"摔倒，就连最后压轴的设计师出场致谢环节，也摔了！与其假装出毫不费力的完美形象，不如直接摔倒给人看。摔倒之后站起来继续走，从此还会怕什么？

"当众跌倒"这件事情其实值得好好聊一聊。《欲望都市》中女主角凯莉也有在T台走秀时摔倒的经典情节——她在镁光灯的照射下，穿着名牌服饰华丽出场，结果在全场观众的鼓掌欢呼中一下子跌倒。她趴在台上不知所措，下一位模特已经面无表情地从她身上跨了过去，若无其事地继续着这场时装秀。慌乱片刻之后，凯莉没有从后台溜走，而是决定站起来，一只高跟鞋不知去哪了，那就踮着脚走完，结果获得了满场的掌声。有意思的是，这一集的名字叫"the real me"（真正的我）。

我曾偷偷地做过好几个创业小项目，不管做的结果如何都觉得是很好玩的尝试，唯独这一次的创业项目是向全世界昭告的。不仅向全平台所有关注我的粉丝宣布，家人、朋友、前同事全知道，还因为大张旗鼓地进行了两轮融资的路演，在创业和投资圈里认识了不少人。

因为整个过程得到了非常多人的帮助和关注，所以当我决定关掉店铺的时候，内心充满了强烈的不舍，觉得很可惜，对不起曾经帮助过我的人，又觉得很丢脸，害怕被人议论、看笑话。而实际上，大多数的声音都是善意的，给了我鼓励、支持和安慰。

你可能也总是担心别人会怎么想，但那些"别人"其实可能并不存在，不过是你脑海中的想象。换句话说，"他们"就是你自己，是你向外的投射，是你评判自己的标准。那些害怕发生的场景，只是一场场内心戏。当你意识到外界的评论根本伤不到你一分一毫的时候，就会开始无所畏惧。

恐惧设置表：用理性梳理恐惧

知名的创业者、投资人蒂姆·费里斯在 TED 演讲

(TED Talks)"Why you should define your fears instead of your goals"(为什么你需要去定义你的恐惧,而不是你的目标)中,分享了一个他用来梳理内心恐惧的方法:每隔一段时间,他都会填写一张"恐惧设置表",来处理自己最近因恐惧而拖延的事情,比如邀请某个人去约会、同合作伙伴谈判、向老板提升职或者辞职去创业等。

表格第一页:列下并分析你的恐惧。

表格可以分为三栏:

- 定义(Define):你预想中可能会发生的最坏的情况具体是什么?
- 预防(Prevent):你能做些什么来防止这件事发生,或者至少降低发生的可能性?
- 修复(Repair):如果最坏的情况真的发生了,你能做什么来减轻损失,修复这个情况?

表格第二页:如果你承担了这次风险,它可能会给你带来什么好处?

比如,承担旅行的风险,你会接触到很多新鲜的事物,放松身心,获取再上路的能量;承担接受挑战的风险,你可以建立自信，提升自己的技能和能力；承担与爱的人进行沟通的风险，你可以消除彼此之间的误会与矛盾，收获一份相互理解、相互支持的感情。

表格第三页（也是最重要的部分）：不行动的代价是什么？如果我错过这次行动的机会，我的生活会变成什么样？在6个月、1年、3年里，我可能会损失什么？

人的天性是非常害怕损失的。相比于获得好处，我们可能会愿意花更多的精力和资源去预防损失。所以对于大多数普通人来说，行动的好处可能还不足以激励他们付诸实际行动，而当看到不行动的损失时，却足以让人抓耳挠腮，完全坐不住了。

我在决定辞职去创业前，就认真填写过这张"恐惧设置表"。

- 恐惧1

    定义：创业后就不再拥有稳定的高薪，可能会遇到个人财务危机。

    预防：制订一个详细的财务管理计划，合理利用存款，可以通过公众号进行商务合作，争取品牌赞助，等等。

修复：如果进入财务危机状态，可以考虑重新找一份工作/兼职。
- 恐惧2

  定义：如果想重新回到金融行业，却找不到合适的工作了。

  预防：和原来的同事、老板、熟悉的猎头保持联系，了解香港金融圈的发展动态。

  修复：我也可以给开公司的朋友工作，或者用灵活合作的形式找一些项目来做。

....

- 如果我辞职创业，潜在的好处是什么？

  能去做自己一直想做的事情，为世界创造更多的价值，拥有更多元化的工作/生活经历，可以获得快速成长的机会。

- 如果我继续在金融行业工作，我会错过什么？

  错过拥有自己企业的机会，错过深度探索这个世界的机会，以后老了会后悔当初没有勇敢一点。

这个方法通过帮助你进行理性的分析和自我说服，让你从情绪的慌张中走出来。恐惧就好像一个脾气暴躁的小猫，只要轻轻抚摸它，梳理好它乱七八糟的毛，它就会变得温顺起来。

"今天"就做，不再等待"明天"

我曾经做过一份调查问卷，其中一个问题是："如果不考虑金钱和世俗看法，你现在会做什么？"这也是我第一份工作的面试问题之一。得到的答案里，出现最多的是想要去世界各地旅行，以及想要做救助或照顾小动物相关的事情。对于大多数人来说，这些真正想做的事情，其实完全可以现在就去做。

你可能在等待一个未来的时机，等到自己获得了一个什么程度的成就，比如事业上要做到高管，或者财务要实现一个"小目标"，才觉得自己"有资格"去过想要的生活。想要做救助或照顾小动物相关的事情，随时随地都可以开始。对于做善事，我听到的比较多的说法是"等我以后赚够了钱，就去成立一个基金，专门用于做慈善"。想要去旅行的人，会说"过几年准备给自己一个 gap year（空闲年）周游世界"。为什么一定要去等一个时机，"干一票大的"才行呢？

　　电影《土拨鼠之日》里，菲尔被困在了 2 月 2 日这一天，每天醒来都在重启相同的一天。在经历了胡闹和绝望之后，他决定认认真真地去活这一天。他不再等待一个合适的时机，而是在"今天"就开始学钢琴，在一个又一个"今天"的练习里，他做到了流畅的弹奏；他学会了与人真诚地交流，而不是靠过去记忆里的套路；他明白那个老人一定会在"今天"死去，无论尝试什么方式去救都没有用，唯一能做的就是在"今天"和老人度过一段美好时光……后来，当菲尔终于打破了魔咒，新的一天顺利到来的时候，他惊喜地大叫："Today is tomorrow!"

　　虽然我们并没有被困在同一天，但事实上，你真正拥有的只有"今天"。所有的事情只可能在今天发生，明天也会变成一个今天。既然我们的一生是由数不清（却有限）的今天构成，那就不要去等想象中的某一天了，今天就去过想过的生活吧！

3.4 美学创造力：用爱和美好，去生活，去创造

> 我们所活过、看过、想过的，人生中所关怀的一切，就是创意的原始材料。我们的一切思想、情感、意象、概念、爱与恨、恐惧与怜悯，都储存在"神秘的电脑"档案柜中。创意人在生活中下了多少功夫，会直接反映在最后成品之中，这是无法回避的。内心有多少"料"，画布中、音符中、表演中，最多也只能出现那么多"料"。
>
> ——《赖声川的创意学》，赖声川

我们常常提到爱和美好，我觉得它们是一体的。一个人如果没有对生命的爱，是看不见美的，更不可能去创造美。创造灵感的来源和创造能力的练习契机，都来自我们每一天的生活。

感恩、爱和美的感知练习

如果你觉得自己生活得不够美好，可以试试"每日感恩练习"——每天记下 3 件值得感恩的事。我知道这听起来非常老生常谈，你可能读到这里就已经忍不住想要翻白眼了（你可以翻白眼，但请一定要试一试），它真的会对你的生活产生巨大的帮助。

一开始你可能会需要强迫自己去写，使劲想也想不到什么，也许最后只能写上一句"今天天气还不错"。第二天你会开始主动留意一些正向的小事，这样你的笔记本上就有素材可以写了。渐渐地，你越来越容易觉察到那些让你不禁微笑起来的事情。比如剥橙子时，果皮里挤出的汁液散发出沁人的香味，简直是免费的 SPA；连续阴霾数日后终于出了太阳，第一时间跑去阳台上晒一下自己，晒完一面还要晒另一面；在出租车上听到一首歌，想起了在某个城市的街角喝咖啡的场景……就这样不断练习，你将拥有一双善于发现美的眼睛，拥有一副能够听出爱的耳朵。你也会开始明白，不是因为感觉幸福才去感恩，而是因为感恩才感觉幸福。

"谢谢"是最简单而又真挚的情感表达。不懂得表达情感的人，是不可能有创造力的。记得上学时，老师教我们面试之后要立刻给面试官发一封邮件以表示感谢。我以前每次做这件事时，都只是用手指敲出模板化的文字，发出去就当是完成任务了。近几年，我重新拾起了写感谢信的习惯。没有什么具体的目的，也不是抱着"这个人很厉害，我要去认识一下""联系一下看看有没有合作的机会"这样的心态，就只是单纯地、非常认真地去表达感谢，感谢对方写出那么好的书、拍出那么好的视频、策划出那么棒的活动……感恩会让你和对方拥有更深的联结，我经常对自己在意的人说"谢谢你的存在"。这些对爱和美好的感知和表达，是创造力的源头。

廖文君的《好命整理》里写道："你可以感谢所有让你有新思维的人、事、物，因为有了他们，你才有许多被构建出来的智慧可以反刍及创造。你自己的专属特质，来自你愿意真实地、真心地表达感谢,给到目前为止协助过你的所有生灵。"表达感恩时,你会看清到底是什么触动了你的内心,是什么让你产生了共鸣;同时你也会体悟到,你想要的东西已经拥有了,没有因为觉得"理所当然"而错过美好的发生。

"旅行是后天的混血"

李欣频老师说"旅行是后天的混血",我第一次听到就爱上了这个说法。旅行可以让人沉浸式地感受到不同地域、文化、人群和生活方式之间的差异,从而获得一种丰富又独特的人生体验和视角。你一定要保持思维的全面打开,才能从多元化的视角去理解和欣赏完全不同的美。

记得10年前第一次去欧洲旅行,看到法国、西班牙、意大利的建筑、街景及各种店铺的装饰设计,甚至路上的行人,我都深深地被吸引。眼前看到的每一幕都是一幅很美的画作,有太多想看的,都舍不得眨眼睛。

有一次,我独自坐在罗马街边的咖啡馆,邻桌的一位女士问我介不介意她抽烟,我们因此开始聊起天来。当她和她的丈夫得知我是第一次来罗马旅行时，非常热情地在我刚买的地图上帮我规划行程，甚至为了到底哪个景点更值得一去而争执起来。他们用意大利语争执着，我坐在一旁感觉这个画面美妙极了。那一刻，我置身于另一个民族的文化、历史、思维方式当中，全身心地沉浸在这样的异域美学体验里，想象力和灵感有种喷涌而出的感觉！

作为吃货的我，非常看重旅行时的美食体验。我喜欢到哪里都问遇见的本地人他们喜欢去什么餐厅。当地的自然环境孕育出具有特色风味的食材，而本地人的智慧创造了独特的美食品类，经过岁月的传承，最后变成文化的一部分。美食是艺术，是历史，是文化，是情感，所以要打开全部的感官去感受，而不仅仅是味觉。有人称自己是"中国胃"，在国外旅行也拒绝品尝当地菜，或者随便吃了一口就立刻很抗拒地说不喜欢，这其实会错过很多不一样的体验。

在旅行中你也会接触到不一样的工作和生活观，在电影《美食、祈祷和恋爱》（Eat, Pray, Love）里，意大利人教了女主角一个短语"Dolce far Niente"，意思是"the sweetness of doing nothing"（无所事事的甜蜜），并告诉女主角"你不需要获得任何人的允许才能够去享受生活"。在意大利人眼里，休息和放松是人与生俱来的权利，每个人都可以理所当然地去享受生活。他们对怎样的咖啡才是一杯好喝的意式浓缩咖啡有着不同的见解，并把对咖啡的高要求也带入到自己的工作和创造中。在巴厘岛，你会看到"数字游民"是怎样把工作和生活融为一体的。

不要带着评判和比较的心态去观察，看到什么马上就说"这有什么了不起的"，你要将自己的内心完全打开，把自己置身于一种完全不一样的存在状态当中，就像《心灵神医》一书里写的——"放下应该如何感觉，或者想要如何感觉的期待，让自己与感觉融合一体。"

在很多民风热情的国度，人们一听到音乐就会站起来手舞足蹈，开心时就会互相拥抱，拉着手转圈圈。你也会情不自禁地受感染，体会到那种全身心活在当下的喜悦。

走进大自然，去海边、森林里、雪山上，不同的温度、湿度、气味，以及自然里的各种声音，构造出独一无二的体验磁场。置身于自然旷野之中，看到眼前景色的无限延展，将自己融入广阔的天地之间，才能体会到"人生是旷野"是一种怎样的豁达感觉。文字描述的人生道理，只有在切身的体验之后才会真正懂得，并内化为自己的人生智慧。

我曾在珍妮弗·加维·贝格（Jennifer Garvey Berger）写的《领导者的意识进化》中读到："视野拓展之后，你对于'故事是什么'的画面也会随之扩展。你会发现曾经认为的主要活动，现在只是舞台上的一部分。"我把这句话记录了下来。后来当我爬上高山，站在高处去俯瞰远方的景色，看见一条很长的河流是如何蜿蜒流淌的，才全身心地体验到"更高的视野"是如何让人看到更大的局面的。

旅行中的时间非常宝贵，千万不要浪费在浏览社交媒体、回复不紧急的信息这些事上，每一分每一秒都全身心地去感受，这些体验会持续地滋养你的心灵，成为你一辈子的精神养分。

旅行总是会结束，一开始你会很不想回家，刚回到自己日常生活中去的几天会感觉闷闷不乐，觉得别的地方到处都充满了新鲜感。但旅行次数多了，你便会懂得，从兴奋到平静的心情起伏，也是旅行带来的情感体验之一。试着用新的眼光和视角去看每一天，用旅行的心态去生活，就能在平常生活中活出新鲜的感觉。

好好生活，就是美学艺术创作

现在人人都喜欢拍照，面对镜头摆 pose 也变成了很多女孩的必修课，如果仅仅是为了发朋友圈，或者留作纪念，那太可惜了。摄影，是一门艺术。

10 年前，我开始尝试时尚街拍时，没有任何的艺术基础。在和摄影师朋友每周拍摄的过程中，美学欣赏和感知的能力就顺其自然地发展出来了。在色彩、设计、构图、线条、光影中去感受氛围，并通过照片把情感表达出来。把视线从自己、穿搭和身后的背景里慢慢延伸出去，我发现周围的世界也越来越富有乐趣。我开始关注城市里建筑的设计；随着季节的更替，光、影的质感明显不同；街道上的绿植比想象中的丰富很多，不同形状的绿叶给人不同的氛围联想；微风同时拂过一小朵花和自己的发丝……在室内拍摄时，我会观察屋内的设计、家具陈设、窗户的采光等与人的互动。

拍照这件事算是我艺术欣赏和设计思维的启蒙教育，后来社交媒体上短视频渐渐兴起，我也开始"跟风"拍视频。我们常常说要跨学科学习，去融合不同领域的知识和视角，视频就是多种艺术的整合呈现。自从我开始学习拍视频，看电影不再只是看剧情，还变成了多维度的艺术欣赏。

- 叙事、旁白、对话：对我们人生的启发，是文学创作时的灵感和素材。
- 人物造型：时尚的启发，文化的体现，有关个性、时代、民族，如何与布景、周围环境相得益彰。
- 取景的方式：远距离可以看到更多场景、近距离可以看清细节和质地、不同角度、透视……学习从不同的视角、不同的维度看事物。
- 配乐：音乐是主导情绪和氛围的关键，就好像鞋子是整体造型的定调，平时可以为不同场景、不同感受去设置音乐列表，用音乐去表达情感，或者引导情绪。

我从小不擅长唱歌跳舞，也不会乐器和绘画，一直觉得"艺术"这个词是离我非常遥远的，"创作"更是与我没有什么关系。现在我明白了，生活里充满了各式各样的美学呈现，只要留心周围的美学元素，持续捕捉心灵的触动，我们的情感和人格也会变得越来越丰富和有层次。人在以富有感染力和表达力的方式传达自己的情感和见解时，就是一种生命艺术的创作。

用一部新作品来重启人生

我很喜欢《再次出发》（*Begin Again*）这部电影，它讲述了一个通过音乐创造来疗愈内心的故事。曾经风生水起现在潦倒落魄的音乐制作人丹，和刚刚经历感情创伤的音乐创作者格蕾塔决定一起录制一部专辑。因为没有足够的预算去专业的录音棚录制，他们干脆去城市的不同角落录歌，在小区天台上、在河面上划着船、在巷子里。他们让在附近踢球的小朋友参与和声，邀请看起来有点呆板的小提琴手参与演奏。完成一整张专辑的录制后，两个人也看清了对于自己来说真正重要的东西是什么，于是重新开启了各自的生活，这也是为什么电影名字叫作"Begin Again"。

我的一位好朋友在结束了上一段婚姻和事业之后，决定离开大城市去寻找生命里真正属于自己的归属地。他热爱空旷的自然环境，享受寒冷的冬天，于是决定在内蒙古的草原边上建一间小木屋。打井，做供暖，搞排水，打地基，选建筑材料，做设计，室内装修……一切都是边做边学。在解决了各种难题之后，小木屋终于建成，而他也在这个过程中，搞清了自己真正想要过的生活，随之开启了全新的人生。

在我经历低谷和迷茫的时候，好友邀请我一起去拜访和考察有机农场（因为我对于具有疗愈功效的植物一直很有热情）。我们决定不带商业目的去安排这些行程，策划拍摄了"自然的孩子"系列视频，带着创作的视角去学习和感受大自然要教给我们的生命道理。在数月的行程里，我们感受了不同的温度和气候，在有机农场里学习了如何把人为的播种、种植、收获与大自然本身的生命韵律结合。在与大自然的互动中，我慢慢找回了内在的感知力，对"顺其自然"这个词的理解也更深了。

3.5 闪光自信力：去做，去表达，去成为自己

如何测试一个人的自信程度？其实就是通过对他的弱点和简历上的漏洞找碴，故意小小地刁难一下。如果他能接受，如果他承认自己的不足而并不贬低自己，也不尝试掩盖自己的缺点或者是进行反击，我觉得他在公司中的行为也会如此，他的同事的感受会跟我的感受一样。

——《恰如其分的自尊》，克里斯托夫·安德烈（Christophe André）

先有自信，才能获得成就，还是先得到成就，才变得有自信呢？有一句话是"Fake it until you make it"，意思是先假装出自信的样子，直到你真正做到想要做的事情。这句话曾鼓舞了无数年轻人，就连很多成功人士也在采访中说，一开始他们都只是在"假装"自己很厉害而已。

Do it until you make it

研究表明，你并不是感觉开心才会笑，相反地，不管你当下情绪如何，只要刻意去做出笑的表情，你就会感觉变得开心。不自信的人在社交场合会不自觉地抱住双臂，如果你刻意采用有力量感的站姿和坐姿——挺直腰背，抬起下巴，并舒展开自己的手臂，那么就能帮助你增加自信和掌控感。

所以，自信到底是一种做出的行为、一个呈现出来的姿态，还是一种内在的感觉呢？

与自信有关的行为、姿态、感觉是循环发展出来的。想要开始有意识地建立自信，就从"做"开始，因为这是你真正能够控制的。所以，我更喜欢说"Do it until you make it"。

$$姿态 \leftarrow 行为 \rightarrow 感觉$$

2020年,我看了音乐人泰勒·斯威夫特(Taylor Swift)的纪录片《泰勒·斯威夫特:美国甜心小姐》(Taylor Swift: Miss Americana),影片让我时不时地感到心头颤抖,在如此成功的她身上,也有无数普通女孩子经历过的挣扎。也可能是因为我和泰勒同岁,从20岁出头时的自我怀疑到30岁时的自我接纳,整个心路历程让我感同身受。

泰勒从小生活在镁光灯下,一开始她也希望自己成为所有人都会喜欢的完美女孩。她从小就很有音乐才华,作词作曲,总会获得各类音乐奖项的奖杯,她的奖杯多到抱都抱不下。

她不发表犀利观点,不回击负面言论,非常努力地工作,不停地写歌、发唱片、开演唱会,在镜头面前保持甜美的形象,尽力地去扮演社会希望看到的那个"美国甜心"。但做个完美女孩,并不意味着能得到更多的爱。很多人讨厌她的原因反而是她"太过完美"。当她遭遇性骚扰的时候，甚至还有人说她"终于抓住了成为受害者的机会"。

以前为了能保持苗条身材，泰勒大量运动又不吃东西，还患过进食障碍。她说："总有一些关于美的标准，是你无法达到的。你如果足够瘦，就不会拥有所有人渴望的那种臀部。如果你的体重够了，拥有了理想的臀部，你的肚子就不够平。"现在的她，不再讨厌自己身上的所谓"赘肉"，她说："一点额外的体重，意味着多一些曲线，更闪亮的头发和更好的精力。"

我想到青春期的自己，也总是被人当面说"胖了""脸又圆了"。终于有一天，一向乖乖女孩的我忍无可忍，大声怒怼回去："总是说我脸圆了，你的生活会变得更好一些吗！"有好几年，我一直处在很饿的感觉里，但每次去商场试衣服，都还是觉得自己的大腿胖极了，回家后都会大哭一场。好笑的是，现在的我比那个时候的自己，体重要重近20斤，但我从来没有比现在更喜欢过自己的身体。现在的我非常健康，能跑能跳，能吃能睡，体力好精神好，能爬山、徒步、游泳，我从来没有比现在更爱自己的身体。

这部纪录片给我的感触很深，哪怕一个女孩子从小拥有符合外界标准的美丽外表，有无尽的才华，获得了全球瞩目的成功，这些也并不会让她真正地拥有自信。后来，泰勒决定不再为了迎合大众或者避免"说错话"而小心翼翼，她开始公开表达自己的观点，发声，索赔一美元将性骚扰者告上法庭，积极维护女性权益，唱自己喜欢的歌，穿自己喜欢的衣服。她不再愧疚于自己无法被所有人喜欢，开始做真实的自己。然后，她就真正地发出了她内在全部的光！

现在的她已经光芒万丈，去任何地方开演唱会，一个人就能点亮整座城市，成为行走的GDP，就连加拿大总理都亲自喊话，邀请她去开演唱会。

自信是一种行动：去说，而不是一定要说对；去做，但不是一定要获得成功。

然而自信又不仅仅是关于自己。很多人认为我一定从小就是一个特别自信的人，才能在镜头前展示自己，并公开表达观点。10年前我刚开始写公众号文章时，那种忐忑不安的感觉如芒在背。但当我意识到自己能够利用在社交媒体上获得的关注，去为职场女性、环境保护、心理健康等议题发声时，这种使命感让我变得更有勇气，也持续激励我站在台前。

自信的人往往也是主动的给予者，他们把注意力放在自己能给世界带来些什么，而不是自己哪里不够好。你可以主动给身边的人送上一句赞美和支持；主动给公司里的新人一些建议和辅导；网络上看到有人求助，如果你恰好有空就去答复一下。主动给予的行为，能让人更多地注意到自己能够做的事，并且在一次次给予的过程中得到认可。来自他人的感谢和鼓励，或者因为自己做成了一件事以后的自我肯定，会让你的幸福感与自信大大提升！

一个人"有"才会"给"，给予这个行为，会激发人体内"已经拥有"的感受。当你给予爱时，会被提醒原来你是拥有爱的，当你活在爱的感觉里时，自然会吸引到更多的爱。这不就是"吸引力法则"吗？

女孩，你已经足够好

"这个人自我感觉良好"，往往是一句负面评价的话。但是，如果我们不能感觉良好，难道要一直感觉很糟糕，永远觉得自己"不够好"，才是对的吗？要知道，"觉得自己不够好"和"谦虚"是完全不同的两种状态。

"做更好的自己"这句话我觉得似乎也有些 PUA 自己的意味，会让人不能心安理得地"躺平"，不敢停下来欣赏风景，不敢坦然享受自己的成果。好像永远都不可能对自己满意，不能认为自己足够好，因为总有一个"更好的自己"要去追求。多少人为了"更好""更多""更强"，而牺牲了休息和健康，牺牲了自我认可和自爱。

我还是强调要学习全然无条件地爱自己，100%接纳自己，永远站在自己这一边。优秀不是被爱的前提，你不需要认为自己是完美的，才能开始爱自己。

一些"爱自己"的日常练习：

- 单纯地去欣赏他人：一个人如何评判他人，也会如何评判自己。当你看到同事今天的状态很棒时，真诚且仔细地观察她，不带任何额外的评判。如果你愿意，可以把你的观察说出来，她一定会很开心，也可以不说。如果你的本能反应是评判她"还不够好"，想要告诉她如何可以做得更好，那你也一定会用"还不够好"的心态来评判自己。当你学会用欣赏的眼光看待一个人时，你也会欣赏自己。

- 坦然地接受赞美：在受到夸奖时，很多人第一反应就是客套地反驳——"哪里啊""还不够好""都是靠滤镜啦"，或者连忙夸回去——"你也很美呀""还是你更棒"。下一次试着就只说:"谢谢啊!""我太开心啦!"把他人的赞美当作礼物,大大方方地收下,你的喜欢就是对送礼之人最好的反馈,不需要急忙还一份礼回去。

- 诚恳地接受批评:当你被指出工作上有不足时,学会接受批评,不要责怪自己,也不要急着反驳。无条件地爱自己,并不是指要觉得自己没有缺点,更不是自恋或者傲慢。

"成为"而不是"成功",找回自己内在的光芒

在得到赞赏(升职、获奖等)时感觉不安,觉得自己不配站在某个位置,害怕被别人看穿自己不够格,是"冒充者综合征"(又称自我能力否定倾向)的一种表现。哪怕你确实获得了实实在在的成就,但你内心却感觉自己是一个骗子,或者认为别人看到的你只是假象。

我曾以为自己已经摆脱了"冒充者综合征",直到2022年收到一家媒体的拍摄邀约。对方在电话里告诉我,他们计划拍摄一个系列视频,对象是大湾区的优秀

青年女性，希望能邀请到我。一听到"优秀"这个词时，我下意识地觉得自己不够"优秀"，连忙解释说："我已经辞去摩根大通的工作了，创业的项目没有发展得很好，正在寻求转型，我现在的情况可能不太符合你们的要求。"

没想到对方告诉我说，她一直在关注我的社交媒体，所以知道我的近况，她就是很想拍摄我。我突然就意识到自己正在经历自我否定，马上甩甩脑袋，坚定地对自己说："他们来邀请我，我就是值得的。"

即使没有了某些头衔和标签，就只做我自己也是"足够"的。以前我喜欢追求所谓的"高光时刻"，然而当外界照在身上的灯光全灭了的时候，我才有机会看见自己发出来的光，那些光不是别人给的，所以任何时候都会在。

保罗·科埃略（Paulo Coelho）写的《牧羊少年奇幻之旅》里，牧羊少年圣地亚哥，经历了千辛万苦终于到达了金字塔（他心中以为的那个藏宝目的地）时，才知道原来宝藏就埋在他出发的地方。那他这些年的路都白走了吗？不是的，如果在最初的时候就告诉他，宝藏就埋在他脚下，他是不会相信的。

走过一段路时，你的内心发生了多大的变化，只有你自己知道。当你真正地认可自己的经历，认可自己走的每一步，会明白一路去到那个遥远的目的地的过程，就是为了让你确定，真正的宝藏就是你自己。

把全世界都变成舒适圈，在哪里都能做自己

"走出舒适圈"这句话曾激励我不断去尝试新的事情，尤其是那些让我感到害怕的事情。后来我困惑了，难道成长就是为了让自己一直难受吗？人为什么就不能享受舒舒服服的感觉呢？

现在我明白了，走出去的每一步都是在不断扩大自己的舒适圈。当你的舒适圈被拓展得很大时，不论你在哪里，去什么样的场合，与什么人交流，都可以感觉到舒适。这种舒适的感觉，不是说好像躺在家里的沙发上一样懒洋洋的，而是可以自然放松地做自己。

有意识地和各种各样的人接触（不同年龄、国籍、从事的行业、兴趣爱好等），听他们说各自的故事，听他们的声音、想法、叙事方式，不要只和自己工作环境里的同一

类人交流。我在金融圈接触过不少来自世界各地的又聪明又有趣的人。曾以为自己已经认识了最有趣的一群人，但其实大家的思维方式都很像，产生了思维茧房却不自知。如果你是名校毕业，在光鲜亮丽的行业或公司工作，可能会更加容易与周围类似的人相互确认，并加强彼此的现有观念，所以要格外注意。

去尝试金钱带来的物质体验，到豪华的餐厅和酒店里接受更高专业素养的工作人员提供的服务；也去对所有人免费开放的大自然里，攀登高山，海里游泳，雪里打滚，山里散步。在不同的环境里接触不同的思考方式、生活哲学、观念、饮食习惯，尝试做不同的事情，尤其是和自己熟悉的领域完全不一样的事情。

丰富多元的经历会让你变得不卑不亢，当你遇见很有见识和成就的人，你会由衷地欣赏和赞美他们，也庆幸能有和他们交流的机会，而不会因为他们的地位和成就，就感觉紧张或者卑微。"见过世面"的意思不是自己住了很多五星级酒店，买了很多名牌产品，交往的都是达官贵人，于是看到任何东西都觉得"这没什么了不起"的，而是切身地明白世界太大了，而自己已知的东西太少了。

当你真正地理解什么是无限的未知,明白了未知就是生命本身,你就不可能再害怕未知,因为你自己也是未知的一部分。当你能够舒舒服服地待在未知里,去好奇地观察和欣赏生命的无限可能时,全世界都会变成你的舒适圈!

3.6 全效整合力：无须二选一，活出多元跨界人生，活出全部可能性

> 他清楚绘画的宏观大局与精微细节之间必然发生的相互作用，甚至在作画开始前就对整个展览进行设计的这个概念背后也藏有一个更大的构想，而这个更大的构想又体现在他设计的精微细节里。
>
> ——《像艺术家一样思考》，威尔·贡培兹（Will Gompertz）

领导力专家沃伦·本尼斯（Warren Bennis）和伯特·纳努斯（Burt Nanus）在 40 年前提出了 VUCA 的概念，来形容外界环境的易变性（Volatility）、不确定性（Uncertainty）、复杂性（Complexity）和模糊性（Ambiguity），它曾经是那些有全球影响力的人才需要了解的概念。

随着科技的发展，信息传播、经济交流和社会变革的速度都大大加快了；数字化的全面普及改变了商业模式；人工智能的发展对就业结构的影响越来越显著；全球气候变化增加了自然灾害发生的频率和严重程度……曾经被我们形容为"黑天鹅"的事件正在不断出现。

现在我们每个人都在面对 VUCA 的情境。要适应变化，接纳不确定性，理解复杂庞大的社会议题，我们必须学习用整合的思维和心态看待事物。整合思维，是将复杂的东西整理清晰，并用灵活的形式进行相互串联。这意味着我们必须打破传统的学科界限，不断增加自己的心智弹性，拓展认知边界。整合意味着平衡和完整。

整合生命能量

要活出全部的生命活力，需要将身体、心灵和情感的能量整合。这意味着要规律地锻炼身体，保持良好的饮食和睡眠习惯，同时积极参与能够提升心灵和情感状态的活动，比如冥想、瑜伽、深度放松。此外，和家人共进晚餐，与朋友尽情玩耍都需要被重视起来。现在心理学、营养学、医学都在往整合的方向发展，结合心灵层面的智慧，从整体生命的维度去看待一个人。

整合经验、知识和智慧

基于过去所学的知识和经验，结合当下的智慧和对于未来的规划，绘制出一张人生事业蓝图。这也相当于把自己的过去、今天、未来整合。小约瑟夫·巴达拉克（Joseph L. Badaracco）在《灰度决策》中写道："工具和技术不会给你答案，你必须依靠自己的判断做决定，因为你的判断反映了你的想法、感觉、直觉、经验、希望和担忧。"面对重要又充满不确定性的人生，我们需要用一个"人"的方式去活，结合感受、阅历、体会、知识等一切在我们体内的东西，去包容复杂性。

整合情感和思维

将情感与思维融合在一起才能形成更大的智慧，执迷于理性会让人止步于概念和理论，对于洞悉复杂的事物无益。人也需要倾听内心情感的声音，学会相信直觉。一个领导者在面对困难时，需要冷静地分析问题，并制定解决方案，也要理解团队成员的情绪，并给予情感支持。

整合资源

创业是一个典型的资源整合过程，创始人要整合自己的人际关系、专业技能、时间、财务资源等，让多个方面取得平衡，保证资源之间是相互协调的（流动与结合），而不是相互冲突的。团队建设和管理非常关键，以确保成员之间的合作与互补，各自发挥专长；合理地规划时间，分配任务和优先级，以充分利用时间资源；还需要平衡各方利益、心态和动机。

个人的职业发展需要整合自己的履历、身份、经验，整合技能、优势，整合人际资源、合作关系、行业影响力等。通过整合目标和价值观，一个人或者一家公司，才能更加清晰地知道什么才是最重要的。比如，专注于环保的企业 Patagonia（巴塔哥尼亚），它的目标是建立一个成功的企业，但内在价值观是关心环境的可持续发展。为了实现这一目标，Patagonia 会确保企业的运营与价值观一致，比如采用环保的生产工艺、利用可再生能源等。它的目标是获得商业成功，所以它需要将生意规模扩张到"足够大"，才能保证持续经营下去，并实现对世界的正面影响力。与此同时，他们不去刻意刺激消费，不会鼓励客人买得越多越好，反而提供终身修补的服务，还推出了"旧衣循环"项目。

多维透视力：同时看到"整体"和"细节"

在动态变化的世界里，我们需要随时有看全局的大视野，同时也要有敏锐的观察力去看细节。就好像既用哈勃望远镜去看庞大的宇宙星系，也用显微镜去看细胞、细菌和分子。

罗纳德·海菲兹（Ronald A Heifetz）和马蒂·林斯基（Marty Linsky）在《火线领导》（Leadership On The Line）这本书中，描述了领导者需要同时在舞池里跳舞，和站在高处去看整个舞池。站在高处时，你能看到整体的局面，看到不同人在舞池里的分布；能看到一些不容易被注意到的地方，比如站在角落里闷闷不乐的人和穿梭于人群的服务员；也能看到舞会发展的趋势，比如人群在往舞池的一边聚集，或者大家都逐渐停下来去休息区了。

在舞池里尽情跳舞时，你走进了人群，与大家亲密地共舞，你可以用你的快乐和激情去感染周围的人，也可以去把某个站在一旁闷闷不乐的人拉进舞池。作为领导者，需要有两个意识层次——同时站在高处和走进人群。

舞台剧导演赖声川把这项能力称为"双视线"，他认为所有成功的创意人都必须随时能够同时看到整体和细节。因为大部分的创意作品都很庞大，而每天都只能完成一点点的细节。他在《赖声川的创意学》一书中写道："米开朗琪罗雕塑《大卫》的时候，只能一次雕塑一个部位；费里尼拍电影的时候，一次只能拍一个镜头。这是很正常的事。技巧的智慧在于做局部的时候意识到这部分与作品完整面貌的关系。"

威尔·贡培兹在《像艺术家一样思考》里描述了著名画家吕克·图伊曼斯（Luc Tuymans）是如何在创作过程中同时考虑整体大局和画作中的细节的——在开始动笔画画前，吕克会先从整个画展的维度计划好一切，包括展览的布局、浏览动线、墙壁的颜色，甚至包括几幅画之间的排序和呼应，等等。

我们在工作中，去做更大（需要多部门、多方协同工作）和更久（长期进行）的项目时，需要用这种多维的视角去更全面地看复杂的情况——同时看到每一个成员每一天的工作任务，拉长时间维度去看进展和方向，以及人数庞大的团队共同协作的整体状态。

在我们的人生旅途中，又何尝不需要这种同时看到整体和细节的能力呢？在构建 portfolio life 的宏大计划时，也要认认真真地过好每一天，日拱一卒，吃好每一餐，睡好每一觉。

整合"黑"与"白"，引入"灰阶"

不知道你们有没有觉得，我们学到的道理，每一条单看都没什么问题，可是有些道理放在一起又是互相冲突的。

有个词叫"延迟满足"，在"棉花糖"实验里，愿意克制冲动不去吃棉花糖的小朋友，会被奖赏更多的棉花糖。可是，人生的目的难道是要积攒一屋子的棉花糖吗？长大以后可能都不爱吃棉花糖了，所以不应该在想吃棉花糖的年纪去吃吗？"活在当下"难道是没有长期目标吗？"顺其自然"会更快乐，那"主动争取"会更成功吗？

理论物理学家加来道雄（Michio Kaku）在《超越时空》中写道："高维的目标在于统一自然法则。通过增加更高的维度，他可以统一在三维世界中那些看似没有联系的物理概念，如物质和能量。从那时起，物质和能量的概念被当作一个整体：物质—能量（质能）。"同样的，其实我们不必被太多的概念和理论束缚，只要我们能从更高的维度去看，就会明白，理性和感性、大局和细节、现在和未来并不是相对的，而是同一个事物的不同方面。随着心智的成长，你会逐渐把各种互斥的、矛盾的东西全包容进生命里。

当你接受黑与白之间有一个很宽广的灰色区域，就不容易被某一种理念锁住，也不会简单地去评判对错和好坏，你会有这样的感悟：要获得长期的成功，有时需要牺牲短期的利益。但不能过分追求延迟满足，也要学会慢下来享受当前这段旅程。

你可以同时获得世俗的成功和做对世界有意义的事情；你可以在"慢慢来"的同时"获得很好的进展"；你可以有一段稳定、亲密又自由的关系。灰色并不是完全独立于黑与白之外的第三种颜色，它蕴含着无数种可能性。人生不是总要艰难地去做取舍，要学会在灰色区域内灵活地游动。

让自己变"丰厚"，生活就会变"简单"

你一定听过一个建议就是"不要把事情想得太复杂"。小约瑟夫·巴达拉克在《灰度决策》一书中很好地阐述了法学家霍姆斯对于简单性与复杂性的理解——世界上存在着两种简单性：一种是忽视了复杂性，将困难问题看得很简单，只关注了自己能够计算和衡量的因素，并很快就笃定地宣布自己看到了正确答案；另一种则是考虑到了真实而又全面的情况，并经过了复杂性的塑造、检验和锻造。

霍姆斯认为忽略了复杂性的简单毫无价值。在工作交流中，你会发现对行业一知半解的人，更喜欢堆砌专业术语，想要显得高深莫测。而真正看透真相的人，能把底层逻辑用最简单的语言说出来，并一针见血。

实实在在地去做事、经历、反思，我们才能够不断拓展看世界的角度，丰富外在体验的多元性、内在体验的维度、意识空间的容纳度等等。只有先提升自我复杂度，才能获得真正有深度的"简单"。就像天真和单纯并不是指无知和幼稚，而是在看遍世界繁杂，经历了人情世故之后，主动选择用简单和真实的态度对待生活。在《简单，安静，从容》一书里，梁实秋说："生活不简单，尽量简单过。"不断增加自我复杂度，就能越来越适应和包容这个越来越多变的世界。大多数的外界变化并不会影响到你，而用力维持现状也不一定能保证持续让你拥有安全感。

随着认知范围的拓展，遇到事情，你不会再用单一的标准去做过于简化的"好坏"评判。你会允许不可控因素的存在，依旧抱着乐观的态度去积极做事；你会开始更多地关注过程中的体验，而不是单一的结果和产出。

3.7 永续演化力:持续成长和蜕变,才是生命力的本质

在我看来,生命的意义在于它是"活"的,它能长出新的东西来,且一直是在变化的。这种变化,可以说是适应,也可以说是演化,总之是一种鲜活的生机、一种灵动的活力。

我喜欢用"演化"这个词而不是"进化"。"进化"带有"进步"的含义，带有更强大、更高级的意味，就像前面我谈到过的那种"更好的自己"，带有一种常规思维里的"好坏"比较。"演化"在字面意义上感觉更中性，指向一种持续的、自然发生的过程。

正式告别学生心态，完成人生第一次蜕变

现在仔细回想，在大学毕业之前，也就是人生的前 22 年里，我好像从来没有真正地为自己的人生做过什么决定。升学的节奏，每学期的内容，每天的课程表，一切都已经被安排得满满当当。每一天的行程都是已经被预设好的，只要不跑错教室，不打瞌睡，在课堂上把时间坐满就行。工作后，我开始迷恋各种时间管理技巧，不知道是不是因为提前有一张排好的日程表，是我度过一天最熟悉的方式，因而莫名地有安全感。

在很长的一段时间里，我们的思维方式、习惯及信念，大概都从"应对考试"这件事中被塑造。老师画的重点一定要老老实实地背下来，定义和公式是需要关注的重点。

我们学会了理解书本上的概念，却忘记了还可以通过自己真实的感受来分辨和理解事物。一些人通过继续升学深造，去逃避现实生活中许多实实在在的问题。仿佛只要待在那种熟悉的学习状态里，就会一直是安全的，就不需要去面对充满了混乱和冲突的内心世界。

我们习惯性地想要寻找一个正确答案和一条标准路径，定义对错，追求单一结果，和别人进行排名和比较……这些都是在学生时代里养成的思维模式。说这些并不是在批判我们的教育，教育是很重要的。我爸爸退休之后开始学英语，我看到他厚厚的书和笔记，不禁感慨，当年老师要把我们这帮什么也不懂的小孩教会，真不容易。

说到排名，我上学时，一些老师会用 PPT 把全班同学的排名都投影在黑板上，并一一点评。但我的初中数学老师从不公布排名，如果你想知道自己的排名，可以去她的办公室单独问。有一次我去问排名，她打开电脑查看，还小心翼翼地挡住我的视线，怕我偷看到其他同学的"隐私"。我已经不记得这位数学老师的名字了，只记得她高高瘦瘦的，一直留着黑色长发，嘴角有一个黑痣，哪怕扯着嗓子说话声音都很小。我对她印象最深的是有一天午休时，教室里的电视在播放《辛德勒的名单》这部电影，教室里的灯关掉了，窗帘也拉上了，一半同学在昏暗中睡午觉。到了下午第一节课的时间，数学老师走进昏暗的教室，我清楚地看见她愣了一下。当她看到电视正在播放《辛德勒的名单》时，就默默地走到教室后排，坐下来和我们一起看电影。那天那节数学课并没有上，她说，这是一部好电影，希望我们能看完。那时互联网的发展才刚刚萌芽，智能手机和社交媒体都还没有出世，一个学生所能接触到的世界观是非常狭小的。这位初中数学老师仿佛给我的内心世界埋下了一颗意识的种子，让我懵懵懂懂地感受到，原来在这个世界上，排名并不是一定要公布的，有些关于人和生命的道理也不只是通过上课才能学到。

有意识地告别学生心态，是要客观地意识到我们在象牙塔里习得的一些心态和习惯，已经无法继续支持我们面对现实世界，无法支持我们走向更广阔的人生。我们会经历一系列的摩擦和碰撞，直至建立起全新的"人生操作系统"。

这个过程通常是潜移默化的，或许会伴随一个个恍然大悟的时刻，会持续多年（甚至十几年）。直到过去的信念开始被敲碎，逐渐剥离掉，新的模式慢慢长出来，当改变累积得足够多，蜕变就会发生。这是一种根本性的改变——对自身的存在和意义建立了全新的理解，开启了一种全新的生命状态，整个世界都会变得不一样。生活不再是一张要交的答卷，没有标准答案，没有分数，没有排名！

蜕变完成后，蝴蝶就必须把结的茧丢下，如果它舍不得丢，背着茧还怎么飞呢？在演化的旅途里，我们必须不断进行"断舍离"，那些不再合适的关系、习惯、塑造出的形象、别人的期待（哪怕曾满足过），通通要放手，才能更加轻盈地去过新的人生。

你会听到有人说"你变了，变得我都不认识了"，千万不要将这句话当作责怪；也不要把别人的认可当作一种安全感，不要再回到茧里去。现在的你，要用轻盈的翅膀，开启接下来新的旅途。《老友记》第一季里有一句台词："Welcome to the real world. It sucks, but you're gonna love it."（欢迎来到真实世界，它很糟糕，但你一定会爱上它。）

不断成长，不断更新看世界的眼光

刚刚毕业开始工作时，我特别羡慕公司里那些工作了更久的同事，他们身上有种游刃有余的状态，仿佛遇到什么事情都知道该怎么做。每次接触到一个新行业的融资项目，不管是澳大利亚的软件公司，印度尼西亚的轮胎制造公司，还是西班牙的旅游公司，对于年长的同事来说都是熟悉的，因为各自需要完成的工作都有可参考的模板和经验。

在分工明确的公司里，对一项业务越熟练就能完成得越有效率（越快、越少错误），这就是我们常说的"专业度"。传统的金融行业让我体验到了专业度和精英文化，而在做自媒体的过程中，我切身体会到了现在一个新领域的起伏之快，可能不会存在一段让人足够熟悉的时期。所以如果一个人的游刃有余只是基于"熟悉"，那么一定不是什么好事，熟悉的环境、熟悉的模式，可能只是在一个固定的地点，不断去验证自己的固有想法而已。

心理学家让·皮亚杰（Jean Piaget）提出，一个人在认知发展的过程中，可能会先同化（assimilate）新接触到的信息，即尝试归类并纳入现有的认知结构中去。然而，当新信息无法被完全同化时，就需要进行调适（accommodate），也就是调整整个认知结构，发展出更广阔的认识世界的方式，以理解更大的世界。调适指的就是成长，成长会改变你认知的形式，会让你重新思考之前思考过的事物，并且开始以新的方式去看待它们，从此你会对生命获得全新的洞见。

肯·威尔伯（Ken Wilber）在《生活就像练习》中有一段话描述了学会一门外语的感觉："你也没有忘记原来的语言，你只不过是多懂了一门语言。越是熟练地使用这种语言，它越能影响你的生命，成为你的一部分。很快，使用新语言变得毫不费力，你可以用全新的方式和不同的人交流。你的世界扩展到了你之前所不可想象的新领域。"

这段话用于描述自我探索和成长的过程也很贴切，当你能够使用一种全新的维度去接触这个世界时，过去曾限制你体验和理解更广阔世界的阻碍就被打破了。这也像是增加了肌肉，你开始能做一些过去做不到的动作，因此能够去到过去不能到达的地方；或者好像多会了几个音符，从此谱写的人生交响乐就更丰富了……总之，你的人生从此拓展了！

外在形式的改变并不代表着成长，不少人也就带着早期习得的心态和习惯度过一生。从小我们从周围的声音中听到了很多道理和教诲，现在可以重新审视它们，并一一质疑。不是去盲目地反对，而是在质疑中重新去理解和体验，最后获得属于自己的解读。

质疑一些曾深信不疑的因果关系，质疑我们是否一定要通过寻找确定性的方式去得到安全感，质疑旧有的信念，会让我们的内心产生一些松动的空间，于是，有调适才有发生的可能性。

  人会随着成长变得越来越包容，能自然而然地接受不同的（甚至是矛盾的）观点，能包容更具复杂性的事物，更多外在变化也都能在自身内部消化和整合。当你回看过去的自己，是否仿佛在看一个完全不一样的人？这并不意味着要去推翻过往的自己，而是去增加感知这个世界的"触手"，每一件事情都能自然地用不同的角度去体验。当内心世界越来越丰富，你给其他人的感觉会越来越平和，好像没有什么需要激动地跳起来去争论的，因为没有什么是绝对正确的，也没有两个事物一定是非此即彼的。

Rose 玫瑰

花语：自爱与独立

向内探索，接纳自我，活在当下

去感知

Feel & Aware

4.1 顺其自然：人生不是一个待解决的问题

不要只管做，要懂得暂停一下。不要太快产生解决方案。需要时间去好好定义问题，同时问题本身也具有启发性与益处。有时候问题暂时离开了，但不会对我们的成长有帮助。将问题留在桌面上，也许可以促进持续反思。

——《领导者的意识进化》，珍妮弗·加维·贝格（Jennifer Garvey Berger）

人生是段旅程，从心（重新）出发

工作后，我接触到了"目标导向"的思维方式，做事的思路一下子变得很清晰——只需要把注意力聚焦在如何到达目的地上，专注于行动，去找地图、找向导、画路径、分解任务，一步步地去执行就行了。渐渐发现自己做事的效率提高了很多，执行层面的进展也很快，逐步取得了曾梦寐以求的成果。于是我如获至宝，还常常把这种思维方式兴奋地分享给别人。

然而，当一个人把身心能量全部放在"如何做"上，就可能会忽略自己内心的真正感受，总是去想别人和社会要什么，而不是关注自己要什么。

记得几年前我和好朋友相约去郊外露营，搭完帐篷后，趁着天色还没暗下来，我们决定去山坡上走一走。短暂地离开被工作挤满的日常，走进自然环境里，整个人都感觉轻快了。我们俩挽着彼此的胳膊，一会儿唱唱歌，一会儿聊聊天，就这么悠闲地散着步，享受着难得的惬意。好朋友突然问道："你觉得人生的意义是什么？"我想都没想，脱口而出："体验生命的不同层次！"朋友立刻追问道："什么是生命的不同层次呢？""就是在不同的精神和意识水平上，去体验生命本身的丰富性。"

听到自己口中的回答，我感到非常惊讶。那时我正全身心地投入创业，急迫地想要把公司做得更大，所有的时间都被大大小小的事挤满了。在很长一段时间里，我都没有思考过、读到过、讨论过"人生的意义"这个话题了。可以说，这个回答并不是我当场想出来的，而是仿佛一个灵感突然进入我的身体，又通过我的嘴一下子把它给说出来了！一阵短暂的沉默后，我和朋友就开始聊别的话题了，但在那一天，我内心的壳上似乎裂开了一道细细的缝。

不间断的高速运转下，一贯精力高昂的我经历了一场前所未有的健康危机。在被迫慢下来的日子里，我有了时间去梳理过去的工作和生活，这才意识到，在不知不觉中，我忽略了自我，而一直围绕着"事情"打转——永远在思考这件事应该怎么做，这个问题应该如何解决，然后马不停蹄地去执行。

那么，我自己到底想要什么样的生活呢？我的人生想要体验什么？我想活成什么样子？似乎已经很久没有听到过内心的声音了。这时，我突然想起露营那天与朋友的对话，其实我一直都知道自己内心的答案，只是一直选择了忽略！我决定做出改变，将自己的内心作为一切的出发点，让自己变成一颗"恒星"，让想要拥有的生活和工作都围着我转。

要突破习惯性思维很难。我开始有意识地观察自己看待事物的出发点，我希望能接纳自己当下的内在感受，能更加随"心"地做决定。比如，在收到一个合作邀约时，我会问自己："这件事你喜欢吗？是你现在想要做的吗？"而不只去考虑它能带来的好处。在人际关系中，我会刻意询问自己，和这个人相处的时候，我是什么样的身心感受，而按过去的思维方式，我会首先关注他的背景、能力和资源，来判断以后有没有合作的可能性。

"断舍离"理论的精髓在于判断一件物品是不是自己"此时此刻"需要的（围绕着自己，以"当下"为基准），而不是看这个东西还能不能用，以后会不会用得着。围绕着自己去感受，很容易被认为是自私或者不够理性；但是忽略自己的感受，不尊重自己的需求，不听从自己的内心，也并不是无私和理性。

"做自己"和"爱自己"是一种自我创造，与利他、为世界创造价值并不冲突。当你的内在有足够的光，才能照亮别人；当你拥有足够的力量，才会不带着交易和比较的心态与人交往，会自然地把自己拥有的东西分享出来，促成别人的幸福和成长。

我们从小被教育不能只顾当下，一定要为将来做打算。现在的一切努力，都是为了以后能有"更好的生活"。于是，我们下意识地把"当下"作为实现"未来"的工具，一切（关系、过程、今天）似乎都是为了达到目标而存在的。眼睛紧盯着未来时，就会不由得心烦气躁，因为觉得当下本身是没有意义的，眼前做的一切是为了追逐未来。但是，如果不能全身心地投入眼前的事情，也就不会得到一个满意的结果。

你依旧可以去设定目标，可能是一个大致的方向，或者具体要完成的事情，但这个目标要为当下的你服务。就像史蒂夫·帕弗利纳（Steve Pavlina）在《聪明人的个人成长》中写的："设定目标的真正意义，在于提升你当下的状态。如果一个目标并不能给当下带来任何提升，那就没多大意义，你也许应该放弃它。相反，当你想起一个目标时，它能让你有巨大的清晰感，让你变得更专注，让你充满动力，那这个目标才值得保留。"这样的目标，会让你走的每一步都感到踏实，同时也有足够的空间，去欣赏路途中的风景，感叹生命的奇妙和美好。人生是一段旅程，走过的每一步路、每一个体验和触动都会帮助你更了解自己。生命旅途中的一些路段，有时候看似弯路，但其实是必经之路。

"解决问题"的心态，有可能制造了问题

有一句俗话说："当一个人是锤子的时候，看到什么都是钉子。"意思是当一个人具有特定的技能、观点或方法时，就会倾向于用这些来面对所有情况。如果面对人生中遇到的所有事时只有"解决问题"这一种心态的话，那这就又变成了一个问题。

比如，在一段关系或对话中，如果一方过于急切地提供一个解决方案，反而会让另一方感觉自己没有得到想要的情感支持。有时，倾听本身就是最好的解决方案。

一件事发生了，并不一定是不好的。把它看作一个急着去解决的问题，会让你带着抗拒的心情，甚至也可能促使你选择逃避。后退一步，放下内心的情绪性评判，给自己一点空间，站在更高的维度、更大的格局中，用多一点的时间去观察和梳理事情的脉络，然后再采取行动。

有时我们自以为在解决问题，实际上只是在跟自我纠缠或较劲。许多答案其实藏在问题之中，当你去认真地审视自己所面临的问题的内容、方式和当下的情绪状态时，或许就会觉得问题不再是个问题了。

中医里有一个类似的理论，就是"不要追着邪气跑"，意思是不要只想着去消除症状。要从人的整体出发，先定神，再给躯体补充能量。这个道理也适用于人生，很多人把"足够有钱"当作一切问题的解决办法，人生围绕着赚钱这件事展开。我觉得，你感到不如意的时候，不如静下来和自己对话，看清内心真正在意的是什么。很多人都以为自己想要的是金钱，但那只是一个偷懒的答案。金钱不过是一个工具，也许能够帮助你获得内心想要的某些东西，但有些东西是它也无能为力的。

我想说的是，人生的能量有限，不要总是忙着去解决问题。你想要获得怎样的生命感受和体验，就直接自己去创造那样的体验——你想要过怎样的生活，直接去这样活！

"顺其自然",不评判,不抗拒

我们常常说要"顺其自然",可到底怎么顺呢?埃克哈特·托利(Eckhart Tolle)在《当下的力量》中是这么说的——"从大自然中学会这个道理:观察万事是如何运作的,生命的奇迹是如何在没有不满或不开心的状态下展现在你面前的。"

香港坚尼地城地铁站附近一条路边的墙面上,爬满了榕树的根。每次路过,我都被这种壮阔震撼到,感叹榕树的生命力。它们就这样顽强地向外生长,把根伸展出去很远很远,在整整一面墙上纵横交错。人类修了一面墙,修了一条路,它不怨恨、不枯萎,就这么继续生长。没有抗拒或者担忧,就只是去找可以生长的空间和方向,缓慢地、坚强地,把根伸出去,专注于生长。

当我感觉到迷茫、急躁时,就去大自然里待一阵,在大自然中感受着生命自有的节奏。春天到来,植物就会开始发芽生长。所有的生命,都有自己本然的节奏,不会太快,也不会太慢。人类总是等不及而揠苗助长,制订计划,然后希望一切都按计划进行。一场丰沛的雨水浇灌后,公园里的草一晚上就能"蹿"起来好高。所以,当你获得一个机遇时，就勇敢地抓住它，飞速地成长，突破自我。植物不会因为害怕，或者觉得自己不够好，就去压制自己的生长。

我曾读过一首名为《每个人都生活在自己的时区》的小诗："身边有些人看似走在你前面，也有人看似走在你后面，但其实每个人在自己的时区有自己的步程。所以，放轻松，你没有落后，你没有领先。"以自己的节奏坚韧地成长，不急不忙，才是"顺其自然"的真谛。

就像种地，下雨后，杂草和农作物都会长得飞快，当你为好收成而感到高兴时，也需要勤快一点去除草。你不可能只经历自己感到享受的事情，而抗拒那些令人烦恼的事情。不接受雨水，那就什么都长不出来。

我们总是认为苹果又大又红就是好，表面光滑也是好，所以有人为进行染色、打蜡。可是自然生长出来的东西本来就是各不相同的，大自然并不会去评判果子到底"好不好"。

大自然对"顺其自然"做出了解释——不评判，不抗拒，一切就这样自然而然地发生。大自然是人生智慧的来源，而生活则是最好的练习。

4.2 回归生活的真相:"如是"观察,真正地去看见

只要你有意识地启动了观察,事情的性质就会变得不一样了。事情不再是"不知不觉"发生,而是有所觉察了;问题的体验也会变得不一样,会变得温和一些,不像之前那么激烈或突兀。我对此深有体会。

——《5%的改变》,李松蔚

母校的一篇采访稿让我的微信公众号涌来了3 000多名学弟学妹粉,还有几百条留言,后台一下子变得热闹起来。留言几乎都在询问我是如何获得美国金融专业研究生全额奖学金的,是如何进入一线投行摩根大通的,我非常开心自己的公众号终于有了关注度,这也算是事业上第一个小小的里程碑了!

为了回应大家的提问,我一口气写了好多篇文章,把自己找实习、申请研究生、出国留学、来到香港求职又跳槽的经历和盘托出。很幸运有这样的契机,把自己的过往认认真真地回忆了一遍,记起了很多有趣的故事和暖心瞬间。码字的过程中,我发现过去在那些事情发生的当时,我其实并没有什么清晰的感知,觉得那些事情都是在不知不觉中发生的。

引入"观察者"角色,从此多了一种新的"看见"

那些粗糙但真实的文章得到了很多留言反馈,也给了我继续写作的动力。我觉得,能进入一家非常棒的公司工作是很值得感恩的,身边的同事是一群又聪明又自信又风趣的人。读者们对我在摩根大通工作表示羡慕，不过我也没有什么沾沾自喜的优越感，我觉得这是一个分享的契机。于是我把自己变成了"卧底"，每天去上班就仿佛是潜伏，把观察和学习到的职场技能、领悟到的职场经验，都一五一十地分享给大家。这也让我的办公室生活一下子变得有趣了很多！比如，坐在我旁边的德国上司给未谋面的客户打电话前，会先去网站上搜索一下对方的个人信息，大概了解一下对方的履历。接着他会点击头像，让对方的照片放大呈现在电脑屏幕上，再拨电话。通话时，他会时不时地看一眼照片，仿佛这是一场面对面的对话。后来得知，20多年前，他的第一任老板曾教导过他，需要和很多客户去讨论同一个项目时，不要像机器人一样重复去说条款和数字，要记住电话背后是一个个不同的活生生的人。

有一段时间，我对搜集这样的职场心得和小技巧非常着迷。再后来，我的观察对象从别人慢慢地转向自己。

我记得有一次，某个同事被当场指出一个数字错了，他查看了一眼，马上就说："我弄错了！现在改掉！谢谢！"而另一天，当上司指出我弄错的一个数字时，我感到胸口一紧，马上着急地去查看原文件，带着一种想要证明自己其实没弄错的迫切。当我发现确实把数字 6 误看成 8 时，我的第一反应就是指给上司看，狡辩道："文件是复印版，所以不太清晰，这个 6 印得可真像是 8 呢！"

为什么我在面对出错时第一反应是去为自己"开脱"呢？

我开始对自己的各种反应越来越有兴趣，哪怕是曾经会困扰自己的反应。我不再抗拒"不好"的事情发生，比如和同事发生冲突，又或是某一次会议上发言被打断而感觉被冒犯，因为"不好"的事情反而是更有意思的观察素材。当我能将自我分离出一部分去观察自身的情绪和反应时，仿佛浑身长出很多新的感知"触手"，对自己也多了一种新的看见。

在这样循序渐进的观察中，我发现了自己有"思维—情绪—行为"的惯性反应模式。尤其是在亲密关系中，或者和父母交流时，这种情绪上的应激要比在工作中更加明显。比如我会下意识地把父母对我工作上的关心、询问，当作要对我进行批评教育的前奏，所以我的回答都自动带着不耐烦或者对抗的语气。

如果你也是这样，我认为没有必要责怪自己不够好，或者内疚于自己为什么会这样。观察和发现本身就是很有意思的。在工作中，人际关系的冲突最容易影响情绪，而且每一次都会消耗巨大的身心能量。如何与不友好、不配合、不喜欢的人合作和沟通，如何解决冲突，如何消除误会，等等，这些都是职场里乃至人生中需要学习的重要功课。在人和事情之间增加一个"观察者"的角色，就会多出一个客观的视角，因此也能更好地看清事情本来的样子。

设计师山本耀司有一段很著名的话："'自己'这个东西是看不见的，撞上一些别的什么，反弹回来，才会了解'自己'。"我们体会到的碰撞和摩擦，都能帮助我们更了解自己——喜欢什么，不喜欢什么，以及未来的路要往哪个方向走。不要把自己困在原地，走出去，去探索，去遇见更高水准的人或事，再与之碰撞，让自我生长。

一开始我只是为了写公众号文章而观察生活，渐渐地，我感觉整个世界都开始因观察而变得更清晰了。事情不再是"不知不觉"地发生了，我能更清楚地捕捉到当下自己的身体感受、情绪和想法。这些反思和写作，也让我更积极地参与和塑造自己的生活。我对自己有了更多的信任和认可，我开始相信自己有能力做出创造与改变，也能对自己的人生完全负责。

在我决定辞去投行的工作去尝试开创新事业后，我才和同事们坦白，其实我还有个"秘密"身份，过去几年里的休息时间我都在从事时尚街拍和写文章。他们对此惊讶又好奇，纷纷注册了微信账号来关注我，于是那一天，我的公众号又多了十几个粉丝。

"如是"观察："撕掉标签"，用细节回归真相

我们习惯于按照自己的喜好分类整理这个世界，让我们感觉世界是已知的、熟悉的、可控的。网上不少自我营销的方法，都提倡主动给自己贴上标签，以强化大众的记忆。我想说，"贴标签"是一个宣传技巧，"撕掉标签"则是一种人生智慧。

要"撕掉标签"，我们得先练习"如是"（as it is）观察——对外在事物或者自己的内在体验进行客观、真实的观察，直到掌握它们本来的样子，也就是移除了内心的评判后，达到一种"看山还是山，看水还是水"的状态。刚开始练习时，可以试着把注意力全部集中在对细节的观察上，这样能帮助我们在大脑产生评判和预设之前，只关注

这个真实的事物本身。比如，下一次见需要认识的人时，不要立刻去想"他是什么背景，哪里毕业的，在做什么工作"这样的问题，你会发现，脑子里出现的不是"一个商务精英"（标签），不是"看起来就很要强的样子"（根据标签而产生的预设），而是"她穿一件红色的衬衫，不是正红，有点偏橘色，她握手的时候很有力，手心有点湿湿的"，等等。

你也可以试着去观察手边的小零食，平时你可能随手拿起来就放进嘴里，嚼了几下吞下去，产生"很好吃啊"的感觉，就又拿起了一块。现在，你可以试试这样：先仔细看看它的样子（颜色、形状、大小、光泽等），然后把它拿起来，感受它的重量，和手指接触的质感；轻轻地闻一下，再深呼吸仔细闻一下；拿着它轻触嘴唇、舌尖，最后再放进嘴里，细细体验咀嚼它的感觉（硬度、脆度、口味等），以及咽下去之后口中的余香。手边正好有一小块黑巧克力，我一边缓慢仔细地品尝了它，一边写下了这段话。

还有一项有趣的练习，是我在娜塔莉·戈德堡(Natalie Goldberg)写的《心灵旷野：活出作家人生》这本书中学到的：先选一种颜色（比如我最喜欢的黄色），走到外面去散步，如同梦游一般慢慢地走，注意沿途哪里有黄色,只要你开始留心观察,就会发现到处都有黄色——便利店的招牌、草丛里的小野花、女孩的背心、小鸟的脚等等。如果脑子里忍不住出现"今天见了谁""等下还有很多工作要做"这样的念头,就走得更慢一点。有时当我感到心烦意乱,我就会一个人出去走走,并做这样的观察练习,很快整个人就会平静下来。

《赖声川的创意学》中写道:"'去标签'的过程中,也重新显示事物的可塑性。'去标签'让事物不再受限于固定的意义和期待,充满各种可能性,因为当我们能看到事情的纯净原貌,意味着事物被解放,这时它就能和任何事物联结,而不只和标签所指的事物联结。这完全符合创意的运作。"

我刚开始在微信公众号上分享一些自己平时喜欢用的产品时,只会用"性价比高""很好用""超级推荐"这样的词,总觉得没什么可写的点,更不用说写出创意了。为了改变这一困境,我开始有意识地练习,从不同的感官和角度,去观察和体验一个产品的各种细节。从拆包装盒开始,我就会快速地记录第一次观察时的所有细节,比如按紧盖子时会有"噔"的一声响(而不是"瓶子质感很好"),"一开始闻到柑橘的味道,接着闻到木质香,3秒后气味就消失了"（而不是"很喜欢这个味道，很好闻"）。我时刻提醒自己尽量把注意力集中在感觉本身，而不要对感觉做分析和评判。"去标签"后，富有新鲜感的联想与比喻，会跳跃着进入脑子里，一篇宣传文案中的创意也就自然而然地诞生了。

以前每次进入社交场合时，如果没有熟人过来和我打招呼，我就会无所适从，一个人站着的每一秒都觉得尴尬。现在我有了一个应对这种情况的小妙招，就是充分地调动自己的所有感官，去观察周围环境的细节，比如室内的灯光、温度、音乐、墙的颜色、杯子、地毯、桌子……不要直勾勾地盯着一个方向看，那会显得有点奇怪，微笑着环顾四周就好。不一会儿，整个人就会放松下来了。不必慌张地随便抓住一个人去硬聊，总要学会独自面对一些舒适区以外的环境才能有所收获。

当你开始观察这个世界，一切就开始变得有意思起来，你永远都不可能无事可做，或者觉得无聊。

4.3 活在当下：多一些感受，少一些评判

我们可能会错误地理解，但是我们从来不会错误地体验。"体验"的意义在于我们不逃避生活，而是全身心地投入到生活经历之中。我们遇到的每一件事物如果能够被珍视，都会闪烁着智慧之光；我们内心也都有一个真理的声音，真正能够将它解读的，也只有生活。

——《回归生命的本源》，马克·尼波（Mark Nepo）

在投行的工作生涯里，我学会了很多提高工作效率的方法和技巧，一心想让自己成长为一个更高效、更强大、更自律的人。受投行工作环境的影响，加上读了大量硅谷科技公司创始人写的书，有一段时间我对于理性思维非常推崇。

但这样就好像在健身房一直只锻炼身体一边的肌肉，而忽略了另一边一样。对于理性思维和技能的过度追求，让我和自己的内心不再那么紧密相连，很多时候，我会忽略直觉，只相信思维的分析和推导。比如我会严格自律地执行健身计划，而把身体"累得很"的真实感受放到一边。

以前我总是为自己的脑子"转得快"而骄傲，嘴上说着一个东西，脑子里已经想着十万八千里以外的十件事了。当时我觉得，难道不是很聪明的人才能拥有那么高速运转的大脑吗？后来我意识到，总是被理性控制，不仅无法支持我继续发展，还会限制我去进一步体验和探索生命，不注重当下，就意味着没有空间留给灵感去进行创造和发挥。我需要学会"放手"和"感受"。于是，我开始接触正念、冥想等颐养身心的方式。

多感受，少评判

"正念"出自佛教，后来被引入西方心理学领域，逐渐发展成一种有益身心的生活理念。正念（mindfulness），是指有意识地去觉察，将注意力安放于当下，并对当下的一切觉知都不做评判。科学实证表明，正念对于焦虑障碍、慢性疼痛、睡眠困扰等有改善效果。

正念练习有很多种方法，可以是关注呼吸、身体扫描、静坐冥想等。练习起来也不是太复杂，每天只需要10—15分钟。你只要找个舒服安静的地方，闭上眼睛，放松，让头脑处于放松和清醒的状态，然后用所有的注意力觉察此时此刻自己的思维和感受。不去分析，不去判断，不去试图搞清楚它会如何发生，或者控制结果，只是单纯地去觉察。

前面提过，我曾经特别为自己活跃的思维而自豪，任由大脑每时每刻地思考、权衡、推理、计算、评判以得出一个最优的解决方案，有时反而沉迷于思维之中而不自知。正念不是去消除思维，让大脑变得一片空白，而是让你学会不带评判地去觉察思维的流动，而不陷入其中。如果你发现自己过于沉浸在某些想法中，只需将注意力带回到呼吸上，专心感受每一次的呼吸——空气吸进鼻腔时的清凉，呼出去时腹部松弛的感觉……我们要做的，就是留心当下这一刻自己所有的生理反应，不逃离或者驱赶它们。

我很喜欢写作，平时会做一些简单的书写练习，单纯地记录想法和感受。不管写得好不好，也不管有没有逻辑，不停下来思考，就让文字随着指尖的敲击任意地流淌出来。前面提了很多次"评判"，也许很多人还不能理解。举个小例子吧，某一天下午，你突然想喝奶茶，但一般下一个念头会是：不是说好要戒糖的吗？为什么别人能坚持住而我坚持不住呢？要不喝个零糖可乐吧！等等。最后，你决定不喝奶茶了。这个过程，带有评判和思考。你也可以尝试不带批判地去面对"想喝奶茶"的这一念头："今天下午，我突然很想喝奶茶。"后面紧跟的可能是"到底是从什么时候开始，摄入糖分变成了一种罪恶。窗外看起来天气很好，也许我不是真的想喝奶茶，只是想出去走走。我的背有点痛，坐了太久，好像一直对着电脑也没有什么进展。脑袋已经有点迷糊了，一点甜甜的凉凉的滋味，会让我感觉生活还是美好的。其实都不是真的……"让自己就这么写下去，你心底的感受就是真相，无论你是否接受，哪怕你的思想可能会把它定义为"好"或"坏"，都要坚持写下去。

我们常常说，要对自己诚实，要接纳不完美的自己，这些大道理说起来容易，那到底应该怎么做呢？我觉得这个写作练习就很有帮助，在面对自己的念头时，多一份当下的感受，少一份对想法的批判。暂时抛开思考，回到身体的感受和当下的体验，让自己静下来，重新专注。

正念练习不像去健身房锻炼，不会让你大汗淋漓，或者第二天明显肌肉酸痛。练习一段时间后，你可能会感觉好像没有什么明显的变化或者进展。但渐渐地，这种不带评判的觉察会慢慢融入你的生活当中。比如我写这本书时，时不时地会去觉察自己的状态，我会意识到自己的身体有些太用力了，肩膀是僵住的，眉头紧皱着思考，还会不自觉地屏住呼吸。这种觉察并不是分心，不会打断我的思考，不会影响工作效率，同时又会让我放松一些。

这让我联想到，以前练拳击时，教练总是提醒我身体要放松。第一次听到时我觉得有点矛盾，难道不是要一直绷紧肌肉才能快速做出反应和产生足够的力量吗？其实打拳最重要的是学会控制和释放力量，而不是僵硬地做出动作。放松身体，反而能够提高动作的流畅性和灵活性，还能减少不必要的能量消耗。但一戴上拳套，在那样的环境里，身体会不由自主地紧绷起来，放松反而是要去刻意练习的。

和别人说话时，我也能当场觉察到自己的状态，是不是带有强烈的目的性，是不是特别想要说服对方；做一件事时，能感觉到是不是执着于要一个结果。觉察到不好的反应之后，不要在内心批判自己，或者要求自己转变心态，只要轻缓地回到自然状态中去，就好了。

正念练习并没有让我成为"更好的自己"，但让我真正做到了认可和接纳自己。我变得松弛了很多，不再那么"要强"。这里我要提一句，松弛不代表做事不努力，而是一种行动有力、心不用力的状态。

不再抗拒，真正地活在当下

"活在当下"是一个被用烂了的词，通常被用来鼓励大家要及时行乐，或者怂恿大家"想买就买"。"活在当下"不是你草率做决定的借口，也不是你随便活着的理由。真正做到"活在当下"并不容易，尤其是现在高速的生活节奏和碎片化的信息摄入，让人每天好像都在追逐着什么，不停在跑，很少有人能真正地随心而行。

很多人都把"当下"看作实现"未来"的工具，当下吃苦做自己不喜欢的事情，都是为了一个更好的未来。埃克哈特·托利在《当下的力量》中写道："你生命的旅程不再是一场奇妙的探险，它变成了一个为了达到目标、获得成就的强迫性需要。你不会再看到路边的花朵或闻到它的芬芳，也不会觉察到存在于当下的围绕着你生命的美丽和奇迹。你是否总在试着到达某处，而不是安住在你所在之处？你的所作所为大多是为了达到目标的手段吗？……你是否总把注意力放在成为、达到、获得，或是追逐新的刺激或享受？你是否相信如果你获得更多，就会变得更圆满，或是心理上才能感觉完整？你是否在等待一个男人或女人为你的生命带来意义？"

一个朋友说她很讨厌健身，每次去健身房都感觉很抗拒，但还是会强迫自己去，告诉自己现在痛苦一点，以后就有好看的身材了。似乎大家都是这么做的，在头脑中劝自己说，未来会有一个巨大的回报，来弥补当下的牺牲。这种转移注意力的方式其实并不能长久——我指的是让你一辈子都能保持健身的习惯。后来，她怀孕之后去做检查，医生说可以暂停健身一段时间，她对我说："你知道吗？我第一反应就是大大松了一口气，终于可以不用健身了！"

好莱坞明星"强石"（the rock）说，对他来说健身就是冥想。健身和冥想有个共同点，就是都要重视呼吸，注意呼吸的节奏和深度。健身时，当你意识到自己产生了抗拒的想法和情绪时，去接受它们的存在，不要责怪自己，也不要立刻引导大脑去期望未来的结果，试图以此改变自己对当下的感受。你只要专注于每一次的呼气和吸气，感觉空气的流入和流出、肌肉的收缩和舒展、汗水的流动、酸痛的位置和感觉等，尝试感受每一个动作的细微变化。不加评判地去感觉这一切，你会发现自己不再抗拒当下，而是就活在了当下。

试试另一种略有不同的做事方式——设定了一个目标或者制订好了计划之后，就将注意安放在当下所做的事情上，不去想（担心或期待）事情做完之后的结果，不把眼睛一直盯在目标上，就让自己全身心地沉浸在行动本身里。当你真正地专注于当前的行动，你会进入心流的深度体验，完全忘记时间和周围的环境。你的内心也不会产生着急或者担心的感觉，一切都会自然而然地发生。

"活在当下"是一种内心的感受，是不抗拒当下，不否认当下。"无为"和"臣服"的智慧，指的都是这种"不抗拒"的状态，但这并不是让你面对事情就选择消极接受，不做回应。你依然需要实实在在地去行动,通过行动去改变现状,"不抗拒"是行动时的内心感受。当你对当下不再抗拒时,反而能够清楚地看到事实和现状,知道下一步需要采取什么行动,然后就这样一步一步地去把事情做好。

生命是体验,没有"对错"与"更好"

很多人非常擅长分析与论证,却总是无法为自己做好决定,最终只能接受生命河流的裹挟,把主宰自己人生的力量放手交给外界(比如人际关系、职业要求、父母希望等)。不知道哪个决定是"正确"的、是"更好的",害怕自己会做一个"错误"的选择,这样的想法不仅会让你无法做出选择,而且就算踏上了新的旅程,你也会不断回头看,一旦发生了什么"不好"的事情,就会用"要是当初不这样做该多好"来折磨自己。还有人在不确定自己选的路对不对时,会与他人进行比较,通过贬低、嘲笑别人的选择,来"证明"自己的正确。

正是这样不断对生活中发生的事情进行"好"与"坏"的评判("更好"与"更差"的比较),才把做决定变成一种负担。你面前的不同道路，在一定层面上都可以是"正确"的，每条路上收获的都是"好"东西。哪怕会遭受挫折，也是你必须体验的，这些经历会塑造独一无二的你。

看完电影《白日梦想家》，我一直在想，什么才是更好的人生？男主角沃尔特是《生活》杂志的员工，他负责处理摄影师寄来的胶卷底片。照片冲洗出来之后，有些会变成杂志封面，成为读者心目中梦寐以求的精彩生活写照。沃尔特合作了十几年的摄影师尚恩是一个常年生活在极限冒险中的人，他站在飞机顶上拍摄火山爆发，在喜马拉雅高山上等候雪豹，走遍世界各地甚至战争区域。然而，为了拍摄《生活》杂志停刊前的最后一期封面，尚恩回到城市中，悄悄跟随着沃尔特朝九晚五的生活，拍下了他日常工作时的画面。在尚恩眼中，沃尔特认真做好每件事的日常，才是生活最有意义的画面。有意思的是，沃尔特为了找到神出鬼没的尚恩，不小心开启了他自己的冒险之旅，后来获得了说出真心话的勇气。

到底怎样才是更好的人生呢？是踏踏实实过好每一天，还是环游世界体验别样的精彩？也许，并没有哪一种人生是"更好"的。每个人的人生都是一段独一无二的旅途，无所谓好与坏。

4.4 打破线性因果：想要"得到"，就先"做到"

也许，人本身就是"螺旋"，在同一个地方兜兜转转，每次却又不同，或上或下或横着延展出去。我画的圆每次在不断变大，所以，螺旋每次也在不断变大，想到这里，觉得自己还是应该再努力一把。

——电影《小森林》

在电影《降临》里，外星人与人类沟通的文字呈头尾相连的圆圈状，像是一幅带有东方禅意的水墨画。不像我们写字是一笔一画地写，打字是一个键接着一个键地输入。外星人先喷出一团黑烟，烟会慢慢变清晰，固定成形，变成一段文字。在它们的世界里，事物之间不存在先后顺序，没有开头和结尾，没有因果之分，只有中间的一些细节是不同的。这意味着，在外星人的世界维度里，时间不是线性流淌的，过去、现在、未来是同时发生的。

"因果"不一定是先出现因再发生果，因果也有可能是同时发生的。起点即终点，目的地就是过程。也许在最初起心动念时，结果就已经生成了。每一个存在的事物都有其独特的因缘和合，而且这种和合是不断动态变化着的。事物之间存在着千丝万缕的联系，各种因素的交织和相互影响形成复杂的混合动力。动力之间螺旋推进，也就让一些事情互为因果。

打破"线性因果"思维，成功没有路径

刚开始写公众号文章时，我写了很多篇关于找实习和求职的，分享了自己是如何找到第一份工作，随后拿到20多个面试机会又顺利跳槽的。回头去看那时写的文章，每一段经历和想法都透着坦诚，但我已经不会再用简单的"线性因果"思维进行归因了。

抱有"线性因果"思维的人，会认为事件之间的关系是单向的、直接的、线性的——事件A的发生直接导致了事件B的发生，而事件B的发生又直接导致了事件C的发生，依此类推，形成一条直的因果关系链。这种思维方式往往会将因果关系过分简单化，想不到大量事情是同时发生的，且没有注意到它们之间可能存在着相互作用的复杂关系。你在网络上一定看过"26岁年薪百万，我做对了这5件事""我是如何……的"这类标题的文章，它们的点击率很高。我们主观的归因和叙事方式会让自己误以为从过去发生的事情中，找到了可以复制成功的方法、秘诀。长期习惯性地使用一种思维方式归因，就会自然而然形成一种信念，认为世界就是这样运转的，事情都是按这样的逻辑发生的。之后，我们会不断通过对各种事件的主观解读，

去强化已有的信念。

所有的事后归因，都是自己给自己的暂时的"心理叙事"——一种心理安慰，满足人类想要在事务中总结出规律的愿望；一些在人生探索中获得的感悟和体会，也是自我认知的一部分，但绝对不是真理。罗兰·米勒（Rowland Miller）在《亲密关系》中写道："相关只告诉我们两个事物之间存在联系，并不能表明事件之间存在因果联系。当你得出相关结论时，当心不要推导出其他没有根据的结果，相关只是相关。"

我在上学时就考了 ACCA（国际注册会计师）和 CFA（特许金融分析师）证书，许多读者留言问我关于考证的问题——考证重不重要？是不是考证就能找到更好的工作？工作遇到瓶颈，是不是得去考个证？对于这些问题，我觉得没有确定且完全正确的答案。

努力考证后顺利找到工作的人，会认为证书是有用的，也更加坚信刻苦的必要性；入职工作后，因领导要求才考证的人，可能会得出大多时候可以"先上车后买票"的结论；没有证书也顺利入职的人，会认为证书可能是一张入场券，但世界上也存在很多没有券也能够入场的机会……不同的人经历了不同的事情之后，会悟出不同的道理，获得不同的感悟和经验。

再回忆那些精彩的故事,我深深地感激命运给我带来的这些经历,让我能为人生赋予自己的解读和意义。有些行动我曾认为自己做"对"了,但并不一定是使这个结果发生的真正原因。人时不时地就会有一些顿悟,想通一些事情,得出一些结论,但不要过度归纳总结,不要过分纠结于这些想法。

接纳全部的自己,告别单一故事

在"线性因果"思维里,事件是沿着一个固定的方向发展的,过去的事件导致了现在和未来的结果,而未来的结果不会反过来影响过去已经发生的事件。但人对于过去的记忆和解释是主观的,当下的认知、情感、态度、行为等因素发生改变时,对过去的感受和理解也会产生变化,甚至会改变过去事件带来的影响。

我曾经用"从普通学校如何逆袭进入到顶级投行"这样的标题写过一篇文章,逆袭故事一贯都很受欢迎,这篇文章也被考证培训机构疯狂转载。大家稍加留意就会发现,在大多数逆袭故事里，主人公一定会先重重地打压过去，描述过去的自己是多么惨兮兮，后来通过努力奋斗获得了辉煌和成功。当人沉溺于某一种叙事方式时，会不自觉地筛选记忆，甚至调整自己对回忆的感受，好让故事能符合某一种框架。

在接纳了全部的自己之后，我不再评判过去的自己不够好，再回忆那段学生时光，便带着一种平静和感恩的心态。首先想到的是那几个知心朋友，到现在毕业十几年了，我们时不时地还会见面，每次想到她们心里都是暖暖的。

住校的时候，我早上起得总是不够早，所以喝不到食堂的现磨豆浆。有一年过生日，大学好友拿出一个杯子送给我，那是一个印着花纹带盖子的透明玻璃杯。我觉得杯子看起来很普通，心里在想，要不要假装出很喜欢的样子来"蒙混过关"。但她接着有点儿兴奋地说："送你一年的豆浆作为生日礼物！我起得早，明天开始，我每天早上给你打豆浆！"我猜她应该很为自己的这份创意自豪，不过这也确实是我收到过的最难忘的生日礼物了。

回忆里没有那么多咬牙切齿的刻苦奋斗，记得从宿舍走去图书馆有一段鹅卵石铺成的路，备考会计证的日子里，我每天下午4点半就到食堂吃晚饭，依旧记得涂满甜面酱的鸡蛋灌饼、麻辣烫、鸭血粉丝汤……那段单纯美好的时光，是那个年纪的自己顺其自然获得的人生体验。

一个人的回忆有很多面，复杂且有趣，就好像一部意味深长的电影，其中的一些悬念，可以承载后来不同阶段的你，进行不同的解读。

想要"得到"，就先"做到"

工作两年后，我人生中第一次向公司提出了升职的请求，按照规定我需要写一份"申请书"。我用英文写了满满好几页纸，激情昂扬，内容就是，如果这次我能荣幸升职，我会开始做哪些工作，多承担哪些责任，如何为公司带来更多价值。交给上司后，我又紧张又兴奋，没想到他很快扫了一眼，立刻退还给我，并纠正我说："你的思路完全反了！应该写你已经在承担更高的职位所对应的工作职责了，你已经在那个水平，所以才值得更高的匹配你的头衔，获得这次的升职加薪！"他很大声地强调"已经"这个词。

我有种醍醐灌顶的感觉，明白了一个影响深远的职场道理——想要"得到",就先去"做到"。《热辣滚烫》上映之后,很多网友说,"给我一个亿,我也能在1年里减重100斤",类似的话还有"如果年薪百万,我也会非常努力去工作","要是一晚上能赚那么多,我也可以每天直播10小时"。这些话的意思就是"只要得到足够高的报酬,我就会去行动,就会变得很有价值"。而现实生活中的情况,是按相反的逻辑发生的,比如只有先完成一部电影的导演工作,才会成为导演;先写完一本书,才会成为一名写手。要先做到,才会得到相应的回报。与其去议论、评判他人的成功,不如把能量都收回来,聚焦在自己身上。全力发挥自己的才能和天赋,创造出价值,你才会得到回报。

千万不要让当前的工资去为你的人生做决定。你要抱有怎样的态度去工作,你要如何使用自己的时间,你要如何过每一天,应当由你自己来决定。当你不断精进自我、不断突破自我,整合内在和外在所有的资源,去为自己、家庭、社会创造价值时,就离获得世俗物质意义上的成功不远了。

4.5 阴性觉醒：整合阴阳能量，活出全部的生命光谱

> 阴阳和平之人，居处安静，无为惧惧，无为欣欣，婉然从物，或与不争，与时变化，尊则谦谦，谭而不治，是谓至治。
>
> ——《黄帝内经》

一些富有阳性能量的词：激励，目标，行动，热情，振奋，思维，战略，竞争，计划，争取，积极，进步，速度，迭代，拓展，活跃，冒险，果断……

一些富有阴性能量的词：接纳，包容，原谅，关怀，同理心，休息，舒缓，放松，直觉，滋养，合作，和谐，平衡，从容，细腻，自由，爱惜，柔和，耐心，理解……

不健康的阳性词：暴力，控制，霸道，强硬……

不健康的阴性词：软弱，钻牛角尖，优柔寡断，散漫无序……

阳性的爱：我相信我还有更多的潜能和成长空间。

阴性的爱：我认可我自己，我爱自己本来的样子。

阴性能量的觉醒

当我开始收到一些职场女性论坛的邀请，也就开启了对女性议题的关注和学习。我渐渐意识到，很多时候看起来是女性的自主选择，实际上还是被社会规训所影响。我了解到，女性比男性更容易觉得自己还不够好，更容易被"冒充者综合征"所影响——哪怕获得了非常杰出的事业成就，也会怀疑自己是不是真的"货真价实"。更不用说在个人、亲密关系、家庭生活的层面，有更多值得关注的女性议题。

我不止一次地和身边的男性朋友争论过："平等不等于相同。男女平等不代表要让男人和女人变得完全相同。事实上，每一个人，无论是男人还是女人，都是独特的个体，没有两个人是相同的！"

记得在一次有关职场女性的圆桌谈话活动上，其中一位嘉宾说："女性要变得更强大，要付出更多的努力，去证明自己有能力比男人做得还要好，这样就能为其他女性争取一席之地。"另一位嘉宾说："要发挥女性独有的优势，比如细心敏感、善于沟通等，这样就能创造女性的职场价值。"

轮到我发言时，我脱口而出："我们对于女性还是男性的表达，总带有刻板印象的划分。我们会自然地认为有些特质是'男性的'，因此网络上有很多帖子标题为'像男人一样思考'，而拥有这些特质的女性会开玩笑地称自己是'女汉子'。我的个性也常常被身边的朋友评价说'大大咧咧的，像个男生'。可是，有逻辑就是有逻辑，敏感就是敏感，大大咧咧就是大大咧咧，我们可不可以不去把各种特质和行为习惯进行性别归类呢？"

说完，我内心一震并恍然大悟：原来我要成为"独立女性"，在要追求事业成功的冲劲下面，有一个执念就是我想要证明男人做的事情我也能做，而且我要做得更好。

小时候常常听年长的人说"女生工作不要太辛苦"，我一直认为这是对于女性能力的看低。于是，我非常执着于要去做那种格外高压、辛苦的工作，以证明自己也可以像男人一样去奋斗，为事业打拼。而事实上，无论是男性还是女性，都不应该用损害自己身心健康的方式去工作，每个人都需要休息和放松。

那时候的我倾向于说自己擅长"数字分析"和"逻辑性思维"，更喜欢自己在一个激进的、主动进取的、有目标、有计划的状态里。而当别人夸赞我很温柔、很有亲和力时，我是不屑一顾的。所以，当时的我对于自己到底喜欢什么和擅长什么的认知也是偏颇的。

看起来，我正在马不停蹄地成长为"事业型独立女性"，生活就是出差、开会和加班。严格来说，我只是在追求一种固定的生命形式，我只带着部分的自我在工作和生活。看起来我一刻都没有停，实际上我有相当一部分自我还沉睡于黑暗之中。

滋养内在的阴性能量

对于长时间过于追求"阳刚"的我来说，重塑平衡的方式，不是去打压或者否认自己的阳性能量，而是有意识地去滋养阴性能量。

网络上有很多教女性如何爱自己的内容，比如点香薰蜡烛、涂身体乳、穿真丝睡衣……坦白地说，作为博主以前我也会去写这样的内容，但内心最深处其实我是有一些抵抗情绪的。一方面我觉得这是一种消费主义，我并不相信购买什么物品能真的让一个人学会爱自己；另一方面我也很反感对女性应该如何爱自己去设置刻板印象，难道女性不能通过享受修理汽车而感觉到爱自己吗？

后来我在钱锺书的《论快乐》中读到这段话："洗一个澡，看一朵花，吃一顿饭，假使你觉得快活，并非全因为澡洗得干净，花开得好，或者菜合你口味，主要因为你心上没有挂念，轻松的灵魂可以专注肉体的感觉，来欣赏，来审定。"才明白了滋养阴性能量的本质不是去行动，而是去体验一种感觉。

买不买东西，或者具体要做什么事情其实并不重要，你完全可以躺在沙发上听听音乐、哼哼歌，或者在公园里和小狗玩球玩到尽兴，一点都没有注意到时间……最重要的是自己在那个时刻最真实的心境，有没有真正地在享受一种"松、缓、闲、空、柔"的感觉。

单纯地去体验那些能触动心灵深处的东西（艺术作品、情感、景色、旅行经历），享受闲情逸致，没有目的地去玩，不带功利地去做一些事……你会发现，以前认为是没有用的、浪费时间的事情，其中也都蕴藏着智慧。当我们获得情感和精神上的滋养，学会去欣赏生命本身的丰富性，自然会更有行动力——不是去追着赶着往前走，而是一种平稳的、发自内心的驱动力。林曦的《无用之美》里写道："当你的心可以闲下来，就有了更多的空间去接纳美好，这让人活得有兴致，会很有精神地去实现自己的愿望，享受生活。"

阴性能量&阳性能量

传统中医文化强调万事万物都蕴含了阴阳两面，就像黑与白、柔与刚，在这种对立的同时，两者又相辅相成，互为存在的基础。

阴性展现的是相对柔和、负责养护、收敛的一面，阴性特质包括温柔、耐心、理解力、包容性等。阳性则是相对阳刚、积极、外放的一面，阳性特质包括坚强、积极、冒险、果断等。阴性和阳性，和性别无关，虽然有时候我们还是会不自觉地进行关联。我更喜欢从阴阳的角度去看一个人、一件事或者一种状态，这样可以更好地从刻板的男女印象中跳出，从社会塑造的性别期望中跳出。

过去，我非常专注于阳性能量的发展，热衷于学习如何能更有效率、更自律。拿睡觉这件事来举例吧，大家会觉得睡觉应该是一件充满阴性能量的事情吧？它和"恢复""放松""静下来""安心的感觉"有关。我开始认真对待睡觉后，养成了睡前1小时不接触蓝光、洗热水澡让体温降下来以帮助入睡等好习惯。

后来，我开始用更加阳性的方式睡觉，想要帮助自己一直保持在高能量状态——用智能手表去监测各种睡眠数据，研究最高效的睡眠方式，如何更好地获得深度睡眠，还为此读了好几本书……但当我太过执着于一个好的睡眠数据，比如早上起来发现智能手表提示自己深度睡眠时间不够，就一定要复盘找到原因，结果这样反而造成了不必要的紧张。

那个时候，我充满了行动力，会大胆地表现自己，大声无畏地说出自己的想法，恣意地发光发热，吸引了很多关注和机会，也获得了飞速的成长。但我过于崇尚阳性能量，一直想要表现出强大的样子，推进合作时可能就显得太过急切，表现得咄咄逼人，总是不自觉地要向周围的人发表意见，哪怕别人并不需要。

随着生命的流淌，尤其近几年学习传统中医文化后，我学会了有意识地收敛自己的精气神，不去过度消耗自己的意志，凡事留有余地。于是，我开始懂得发挥阴性的能量，学习接纳事情本来的样子，用自然放松的方式去做事。当我们不去预设怎样的状态才是"更好的"，不去执着于一定要保持在那种状态里时，阳性能量和阴性能量就会不断地互相融合、互相转换，这时生命反而会呈现出非常美妙的律动和生机。

我们每个人身上都有不同的阳性特质和阴性特质，但平衡不等于一半对一半。在不同的情境下，不同的特质会自然地展现出来，而且随着时间的推移，它们的多少也会发生变化。千万不要以一种静态的、固定的眼光去看待和要求自己呀！

当我看见自己身体内的阴性能量，并允许它们释放出来后，便开始能够欣赏"静"和"缓"的智慧——允许自己充分放松，处在一个柔软的、不用力的状态里。我也学会了如何"顺"着做事——感受环境和形势的变化，不去与事情本身发展的节奏抵抗。于是，生命里又有新的部分生长出来了。

阴阳转化，全然地整合

阴中有阳，阳中有阴，这种相互对立又依存的状态，真的非常广阔和美妙。当用阴阳的智慧去看待事物时，你会看见所有事物都有不同的面向，且一直在变化。

看到事物中的阴和阳，目的不在于去区分，或者去评判孰好孰坏，而是为了全然地整合。有人说，人不能对自己满意，一旦认可自己了，就会失去继续努力的动力。以前我听到这样的话，隐隐觉得不对，但又不知道如何反驳。现在我认为，一个人可以给自己严厉的爱，去磨炼韧性和意志力，激励自己成长前进；同时也要给自己温柔的爱，用接纳和宽容的态度去对待自己，这两者是不相斥的。我们可以用这种全然的爱而非恐惧，去驱动生命的舒展！

更重要的是，阴阳是在不断互相转化的。我们现在太喜欢去定义什么是一个"好"的状态了，当不符合这个定义时，就责怪自己"状态不够好"。其实没有必要为了维持所谓的高能量状态，就总是强行地调动自己的精气神，人的生命能量本来就是会自然起伏的。中医里面有句话叫"实则开，虚则阖"，意思是身体能量足的时候，就自然呈现打开的状态，流露出神采；能量不足的时候，就自然呈现内守的状态。

物极必反，当一个事物发展到一定程度时，必定会向另一个方向发展。一年四季，白天黑夜，国家经济和各个行业的发展都有周期，我们每个人的人生发展也会有起伏。当我们能够看见并接纳这样的变化时，内心会变得更有力量。哪怕处在困境和低谷之中，也知道未来会有转机，心里就会一直有希望和动力。

有时候面对发生的事情，不要急着跳进去，先观察。这并不是消极不作为或者逃避。静观其变，是尊重事情本身就会转化的这个事实，给它一点时间和空间，让变化发生。等整个形势清晰一些之后，你就可以自然地做出相应的调整，让所有的力量再次平衡来达到和谐。

4.6 拥抱情绪：不要去"管理""负面"情绪

> 阻挡自己的情绪需要消耗大量的能量。一旦我们不再害怕体验自己的情绪，那些能量就可以用来做更有建设性的事。当我们同时进行思考和感受的时候，如果不去费力回避自己的感受，则可以有更多的能量用于思考。
>
> ——《感受爱》，
> 珍妮·西格尔（Jeanne Seigal）

情绪是一种生命能量。情绪（emotion）的拉丁词源 emotere 的意思就是运动的能量（energy in motion），它代表着一种创造力和生命力。现代舞的创始人之一玛莎·格雷厄姆（Martha Graham）曾说过，"有股活力、生命力、能量、激活的状态由你而实现，从古至今只有一个你，这份表达独一无二。如果你阻止它，它再也不会通过其他载体而存在，它将会消失。这个世界也会失去它。你只要保持让自己打开，并且意识到那股激发你的能量"。

情绪是生命能量的运转

我们在职场经常听到教导说"不要太情绪化"和"不要太敏感"，要保持理性和专业。网络上常常把"情绪稳定"和"把情绪戒掉"作为成长的必修课。情绪稳定不代表麻木、一成不变，或者隐藏情绪。一个从不表露情绪的人，该是多么无聊啊！谁想要天天和一个木头相处呢？真实地去表达情绪，能拉近人与人之间的距离，建立联结，带来情感滋养。

情绪是一种生命能量。情绪的英文 emotion，它的拉丁词源 emotere 的意思就是运动的能量，代表着一种创造力和生命力。现代舞史上最早的创始人之一玛莎·格雷厄姆（Martha Graham）曾说过，有股活力、生命力、能量、激活的状态由你而实现，从古至今只有一个你，这份表达独一无二。如果你阻止它，它再也不会通过其他载体而存在，它便失去了。这个世界也会失去它。你只要保持让自己打开，并且意识到那股激发你的能量。

情绪是我们感知这个世界的方式之一，是身体和心灵的沟通桥梁。如果无法感知情绪和表达情绪，那整个世界都会失去色彩。当我们用"负面"来形容一种情绪时，就已经在心里进行了评判。比如认定一个情绪是"不好"的时候，下意识地就会产生一种抗拒，想要把它立刻打败并赶走。而这种抗拒，反而会加强情绪，让我们的反应更激烈，让情绪停留的时间更长。

其实很多被我们认为是"负面"的情绪，也可能给我们带来潜在的益处，毕竟它们在人类漫漫进化过程中都是"有用"的。比如，有几次我因为看到暴力、性骚扰等新闻而感觉到气愤，血液的涌动让人更有勇气，激发了我分享出自己的故事，以及为不公平事件发声的行动力。当我感到孤独时，反而更能静下心来去细细品读一些经典书籍，或者晦涩的专业文献。而感觉高兴的时候，我只想出门去和朋友聚会与玩乐。你看，每一种情绪其实都匹配着不同的生命能量和体验。

情绪也是非常有效的线索，嫉妒、恐惧的背后往往隐藏着自我的真相和一个冲破旧有信念的契机。莫名的不耐烦和无来由的攻击性，有可能是因为你的身心过于疲惫了，这是一个很好的提醒，让你注意休息和自我关怀。留意情绪带来的信息，它能帮助我们从自己身上找到答案。

我列举了几种被认为是"负面"的情绪，以及它们可能带来的好处。

愤怒：激发行动力，推进变革，说出实话。

悲伤：应对失落，适应变化。

担心：提高警觉和对潜在危险的敏锐度。

嫉妒：激发行动，促进发展和进步。

恐惧：自我保护，避免危险。

沮丧：放慢节奏，引发反思，促进深思熟虑。

烦躁：激发行动力，解决问题。

绝望：寻求支持，变化方向，发现转机。

羞愧：道德约束，遵守社会规范。

所以呀，没有什么情绪是绝对"负面"的。不需要把它们"埋"起来，也不必立刻去做别的事情转移注意力，或是用一个"好"的情绪去遮住它。只有长时间被某种单一情绪主宰，且反应过于激烈时，才会对我们的生活造成真正的负面影响。就像杂物堵塞了下水道，需要主动疏导。对于人而言，要先把堵住的情绪管道疏通，然后引导这股能量穿过我们的身体，让它走掉。

"情绪管理"之旅，从无意识的抗拒开启

每个人自出生就已经具有鲜明的性格底色。天生的部分，再加上从周围环境里习得的部分，形成了我们最初的一套情绪模式。

我小时候就是一个把情绪写在脸上的孩子，想哭就

哭，想笑就笑，"翻篇"也很快。为了"合理化"自己，我小时候有个坚定的信念就是，不即刻表达自己真实情绪的人都是虚伪的、另有企图的，而我这样的才是真诚的。

长大一些之后，冲动、没耐心、性子急这些特点在我身上表现得很明显，我曾经坚定地认为这是因为自己是一个典型的白羊女。我最讨厌的就是等待——等分数出来，等录取结果，等别人的一个答复，没有什么比等待更让我感到煎熬的了。就连煲汤的时候，我都会忍不住一直要掀开锅盖去看。

进入大学之后，人际关系开始丰富起来，我产生了要学习控制情绪的想法。而控制的方法就是压制，我看到电影里厉害的角色都很擅长隐忍，以为咬牙切齿地沉默就是人生的最高境界。我学会了把愤怒、失望的情绪强行压下去，不当场表现出来，事后也不说，但是暂时被压下去的情绪越积越多，身体好像一个不断工作着的高压锅，随时都要爆炸。

刚开始工作时，我一头扎进投行信奉的"work hard, play hard"。平时的工作非常忙碌，加上各种行业社交，我工作日的时间被排得满满当当的。周末也有新奇好玩的活动、音乐节、泳池派对、爬山、游船、沙滩烧烤……充满了不会停歇的新鲜感和各种形式的感官刺激。我最讨厌星期天晚上，因为那时大家都会各自早早地回家，准备早点睡觉迎接第二天的工作。每到星期天的晚上，整个世界仿佛都安静下来的时候，我会不由自主地难受，胸口好像被什么东西压住了，坐立难安。放到现在，我会用"迷茫"或者"焦虑"这样的流行词来形容那种抓心挠肺般的难受。而当时，我只想要快点消除它。

强迫性的积极乐观，是另一种麻木

后来，我接触到了积极心理学和成功学，想要用一种更高级、更有效的情绪模式，去替代之前本能的情绪反应。慢慢地，我建立起一套熟悉的应对模式——抱有成长型心态和目标导向思维，无论发生了什么事情，都能让自己调整到一种乐观的状态。这套丝滑顺畅的情绪模式，为我提供了一种强有力的安全感，连自信心也增强了。

与此同时，我进入摩根大通，有了自己的微信公众号和读者社群，多次被邀请到女性领导力论坛演讲，去巴黎和纽约参加时尚活动，开始创业……这么来看，我确实一直在拓展边界，也在世俗层面有所收获。创业融资的时候，好几个投资人都说我乐观的个性是创业成功的必备条件，我听后感到很满足。如此的春风得意，也让我对这一套模式深信不疑，直到它变成一种强迫。

不知道从什么时候开始，我只允许自己处在正能量的状态里，不允许自己产生负面想法，或者感觉到负面情绪。当然，这个正面的、负面的也都只是我自己内心的标准。我希望自己一直是积极的、乐观的、主动的、快乐的，似乎这样的状态定义了我是谁，成为我不能失去的身份和标签。所以感觉状态低迷时，我会非常抗拒，总要给自己一些刺激，好让自己快点振奋起来。那个时候我还不明白，情绪和身心能量就是有起伏的，这是自然的规律。把精气神收回来，静静地休息是一件很重要的事情。

记得有一天晚上，因为公司又出现一个问题需要解决，我感觉胸口闷闷的睡不着，于是决定出门去骑个单车散散心。晚上马路上空空的，一个人都没有，凉凉的晚风吹在我脸上，路灯昏黄的光透过树枝照下来。我深吸一口气，觉得胸口不闷了，整个人开心起来了，把单车蹬得飞快。那个瞬间我突然就开始问自己："这真的是开心的感觉吗？

还是我强加给自己的幻觉呢?"

我突然觉得自己不会感觉了,我不知道自己的情绪是自然产生的,还是经过训练后创造出来的;是真实的,还是假象……当然,我没有允许自己继续这样乱想,甩甩脑袋就把这个思绪给清理掉了。

直到过了很久,我终于有了一些空闲的时间开始回忆以前发生的一些事情。当时发生的时候,我以最"理性"的方式很快就解决了,完全没有去温柔地问自己一句"你还好吗?"就马上去做下一件事情了。回想起来,才感觉有些伤心。我向好朋友表达我的"伤心",她马上打断我,认真地对我说:"其实你不应该这样想,你应该把这件事当作……"那一瞬间,我像是全身过了电。"你不应该……""你应该……"多么熟悉的话语啊!我就是一直这样自我对话的呀!很长一段时间里,我不允许自己伤心、脆弱、难过、沮丧……因为这些都是"负面"的情绪,而强大的人是不应该感觉到它们的。可是这种对"负面"的认定本身也是局限的、僵化的。我突然明白了,强迫性的乐观积极也是一种逃避。

于是,我对自己说,2023 年的功课是"接纳"和"允许"——坦然承认和接受事物本来的样子,接纳自己所有的情绪，允许一切发生。在一整年的自我观察里，我才慢慢搞清楚，原来一直自认为充满正能量的我，头脑里存在着很多不自觉的评判和抗拒。察觉到这些之后，我和情绪之间的关系，又产生了一种新的可能性。

李欣频老师在《秘密副作用》中分享过一个有趣的比方：人在体验到不同的情绪起伏时，就好像猴子在借着树藤飞荡，先要放掉旧的树藤，自然地抓住新的树藤，一段一段地随着情绪之流摆荡过去。哪怕是喜欢的感觉，享受一阵子后也必须放手，顺势而行。如果抓着旧的情绪状态不放，就会被卡在两树之间动弹不得，哪里也到不了。

回归身体的感觉，看见情绪的线索

如果要给情绪分类，我会把它们分为被看见的情绪和应激情绪。随时保持一种对身体的感知，你会发现在愤怒、不耐烦、想要指责别人时，心跳会加快，呼吸会变得急促。这时如果能机敏地觉察到身体的变化，在还没有说出条件反射的防御或攻击性的话之前，把注意力拉回到自己身上，慢慢深呼吸，就不会被情绪吞没。

在身心空间被挤压，感觉焦虑、无法呼吸时，书写练习对我来说是非常有帮助的"急救箱"，也有人把它叫作正念书写、情绪日记等等。但这都不重要，重要的是真真正正地去写下来——把脑中真实的声音全部记录下来，中间不要停顿，不要思考，不要选择措辞。

等到情绪恢复平静时，可以找一个契机再回头去看看写下来的内容，做一做"阅读理解"。你可能会洞察到一些有意思的内容，可能是未释放的愤怒或没有说出口的情感需求。有些想法其实只是你单方面的揣测，并不一定是真的。困扰你的也可能是同一类型的事件，比如和父母之间的争执、与朋友之间的摩擦，等等。当然，你也可能没有发现明显需要注意的地方，那也没关系。不需要去咬文嚼字、过度分析，非要得出个结论，任何事情过度了都不好。

有时候，你会很容易被某一种类似的事情激起格外大的情绪波动，那么这一类事情就是你的情绪触发点（trigger）。如果就事论事，你会发现其实那件事情本身并不会激发你那么大的反应，但也许是年少时曾发生过类似事件的记忆，触发了你内心深处的情绪波动。你并不是在以当下这个真正的自己去回应当下的事情，而是回到曾经的那个你，去回应当时发生的事情。

武志红在《身体知道答案》中写道："当你的情绪被触动的时候，把焦点放在自己身上，而不是触动了你情绪的那个人身上，就是累积内在力量的开始。当发现自己有些失控，或注意力已集中在别人身上时，可以立即将注意力拉回来。"

在面对挑战性的情境时，将注意力集中在一呼一吸上，可以帮助意识回到身体的感觉，有了身体这个锚点，我们就不会再无意识地被情绪牵着走。收藏再多关于"情绪管理"的帖子，都不如你自己实实在在地亲身练习一次。

比如某一次，你本会脱口而出责怪对方，但你没有，你深深地吸了一口气，然后慢慢地呼出，重复多次，直到紧绷的肌肉放松下来了，怦怦的心跳也平缓下来了。你没有被情绪支配，没有被那套固定的防御模式所控制，而是带着清晰和稳定的觉知去回应。你也就明白了，"让情绪流经身体"是什么意思。

任何情绪都不是我们的敌人，不要刻意拦截它，或试图消灭它。屠龙太久自己也会变成恶龙。保持情绪通道的打开，让情绪能顺利地穿过，你会感觉活得通畅、舒坦很多。当我们学会与情绪和平共处，不再害怕体验自己的某些情绪时，就会有更多曾用于抵抗而消耗掉的生命能量被用于创造力发挥，去做更有意义的事情。

4.7 身心联结：真正的健康，让你强大而又放松

许多人可能会有一种错觉，以为自己能控制一切，但后来才发现，长久以来，他们所没有意识到的力量一直在驱动着他们的决定和行为。我在自身的生活经历中也发现了这个问题。对一些人来说，疾病的到来最终粉碎了他们控制生活的幻想。

——《身体会替你说不》，加博尔·马泰（Gabor Maté）

身心的奇妙联动，蜕变只需一个切入点

我们的身体、情绪、思维是一个整体，各种能量时时刻刻都在体内不断流动和转化，各方面也互相影响。我们在不断地与外界进行交互，吃进去的食物、获取的资讯、所处的环境……一切都在影响着我们的身体状态和内心世界。

当我们拥有身心全方位的健康状态时，不仅身体有力量，思维清晰，做事情效率更高，心情更愉悦，也能吸引到很多幸运的机遇。想要获得这种整体的健康状态，可以生活中的一个方面作为切入点，逐渐渗透到其他的方面。就好像先找到一个开关，让其中一个齿轮转起来，自然而然地就推动其他方面发生变化。

如果你有非常明确的持续困扰你的问题，比如进食障碍或者亲密关系等，可以试试专业的心理咨询。我身边也有高敏感度的朋友，她们会先开始正念练习，让自己的精神更清晰和稳定，随后开始关心自己的饮食，并尝试运动，之后再探索自己真正热爱的事业。

《热辣滚烫》里的女主角杜乐莹，本来总是被动接受，去满足他人的需求，后来通过练拳击，获得了彻头彻尾的

改变。变强变有力的不仅是她的身体，还有她的内心。她开始能够大大方方地说出自己的需求，能够直率地拒绝他人。电影上映后，网络上热议的是"减肥"，但这部电影真正呈现的是一个女性全方位的身心蜕变。

这场蜕变的切入点是拳击，拳击是一项高强度的对抗性运动，锻炼的不仅仅是体力、耐力，还有精神层面上的意志力，以及直面冲突的勇气。如果你平时也不太敢说出自己的想法和需求，可以去试试练拳击，能让你的内心慢慢地变得更有力量，你会开始相信自己有保护自己的能力，并激发出敢于对抗的精神能量。

乐莹用一年的时间，全心全意把所有能量都聚焦在自己身上，去建设属于自己的生命力。她非常想参加一场专业的拳击比赛，想要"赢一次"。但她心里对"赢"有着自己的定义——全身心地投入，真正地为自己的人生负责。在电影里，她没有想要用一个"逆袭"的故事，来把过去没有公平对待她的人全部踩在脚下，而是非常平和地继续做她想做的事情。她已经到达了一个全新的生命维度，不需要向任何人证明什么，其他人的反应对她来说已经完全不重要了，她不会浪费精力与往事纠缠。

特别有意思的是，乐莹这个角色的精神能量，在戏里戏外与贾玲有着微妙的融合。电影上映之后，网络上议论纷纷，贾玲是否能维持体重不反弹，票房是否能够超过上一部电影。对于贾玲来说，她的人生早就不再局限于"数字游戏"，票房和体重的数字对她来说都不重要，一切都可以看"心"情。

另一部根据作家伊丽莎白·吉尔伯特（Elizabeth Gilbert）的回忆录改编的经典电影《美食、祈祷和恋爱》里，女主角伊丽莎白则用了不一样的经历去完成了属于她的身心蜕变。伊丽莎白在别人眼里美丽、苗条、优雅，但她却觉得自己和这个世界失去了联结，没有什么事情能激发她的兴趣，甚至失去了食欲。她决定结束婚姻，放下一切，展开一场寻找自我的旅程。

她先是独自跑去意大利，开始允许自己与食物"发生亲密关系"，去拥抱生活中的愉悦和感官的满足。她尽情享用意大利面和披萨，哪怕牛仔裤换成大一码都扣不上扣子也没关系。接着，她来到印度，在一个修行中心学习冥想，学习接纳自己的情绪和感受，最终学会原谅自己。最后，她来到巴厘岛，在那里她学习了什么是"平衡"的生活，并且重新找回爱与被爱的勇气。

我自己也经历过两次重要的身心蜕变，第一次蜕变是在刚开始工作时，建立了规律运动的习惯，让我变得更自律，更有行动力，构建了生活的秩序感；第二次蜕变是在几年前开始进行正念练习，让我看见并了解了真实及完整的自己。

其实运动是一个普适性非常高的切入点。李辛老师说过，运动是最好的流通，睡眠是最好的补药。开始运动之后，会感觉到身体内一些堵住的能量得到了疏通，思路变得清晰，肌肉变得有力，自觉身体有力量后，面对挑战时会自然地更有信心。对抗性的运动，如拳击、网球等，能帮助我们在面对人际关系中的冲突时，说出一些以前不敢说出来的内心的真实需求。

完成运动目标后，你会很有成就感，为自己感到骄傲，同时获得一种对生活的掌控感。运动后睡眠会得到改善，你会自然地开始关心饮食营养。身心能量得到提升之后，对生活里的各种难题也会更有勇气和信心面对。

在后来的创业过程中，我也保持着健康的作息，哪怕到处出差也早睡早起，饮食上尽量营养均衡，运动从来没有落下。我一直感觉自己精力充沛，哪怕遇到很大的问题也从来没有失眠过。然而，我的健康还是出现了危机——严重的月经失调和皮肤炎症。针对这两个问题，我看了好几个医生，做了全方位的体检，结果各项指标都显示我非常健康，包括与压力和炎症紧密相关的皮质醇指数都显示在较好的水平。

但我的皮肤不停地出现过敏发红、各种痘痘和不同的疹子，半年里我看了5个不同的皮肤科医生，诊断结果不是"皮炎"就是"玫瑰痤疮"，给我开了激素药膏止痒，还有需要长期服用的抗生素。我自己逐渐意识到，这些症状是因为内心没有疏解的压力和情绪导致的，身体的状态是内心真实世界的一种表达，于是我决定不再到处就医，给自己足够的时间和空间去休息和放松。

后来，生活和工作上的问题都慢慢解决了。在更多的觉察和与内心联结后，我发现很多问题其实都源于我的内心，一些曾让我深信不疑的信念反而造成了许多困境。随着我对内心的主动调适，我身体上出现的这些症状也得到了缓解，后来完全恢复正常。

压力让身心失联，放松才能听见内心的声音

很多年前，有一位微信公众号读者来信分享了她的健身心得，她说健身不仅是有关身体的训练，还包括"健脑"和"健心"。虽然健身要求的是自律，但在真实的生活里，总有被迫打断甚至退步的时候，这就需要更大的心量去容纳变化和不确定性。而在现实社会里，我们往往更加重视身体和思维的训练，而忽略了与"心"的联结。

刚开始健身的头几年，我很爱学习各种科学的训练方法，让自己的行动可以更高效。市面上有无数学习资料和书籍，光是有关饮食的内容就已经多到让人眼花缭乱。传统的西方营养学、生酮饮食、断食疗法、生食、素食、纯净饮食、抗炎饮食、中医食疗等，这些饮食方法之间不仅存在着差异，有些甚至还互相冲突，更别说层出不穷的关于睡眠、运动、喝水、时间管理、作息安排的方法和技巧了。直到后来我越学越困惑，反而形成了不必要的焦虑和压力。

很多时候，与其在信息的海洋里去找答案，不如静下心来，问问自己的身体是什么感受。我们大多数人不需要新的保健品或者养生技巧，需要的是给生活做些减法——

少吃一点，少刷手机，就能够让自己感觉好很多。

行为背后的动机和感受比行为本身更加重要。在做关于健康和疗愈的事情时，你是带着愉悦的、放松的、爱自己的情绪，还是因为害怕（害怕衰老、害怕落后于别人），或者是觉得自己不够好（身材不够好、皮肤不够好、状态不够好）？

比如，有的人在给自己做健康餐时，由衷地喜欢感知食材的质地、气味和颜色，并且觉得这是一个让身体和大自然能量进行联结的契机。有的人则是因为担心吃外卖会变胖，而不得不自己做饭，觉得很麻烦、很累。同样是抹身体乳这件事，有人只是单纯享受身体放松下来的感觉，有人认为这是一个精致女孩"应该"要做的功课，也有人是担心不抹的话皮肤会变得不好。你有没有观察过自己内心深处的动机和感受呢？

自律是生命里一种自然又美好的韵律，不是对自己强硬和死板的要求。如果有时候不想去运动，就当作给自己放一个假，不需要过于内疚。这并不是给自己偷懒找借口，而是保持一个有弹性的空间，这样反而能够把健康的行为融入日常中，自然而然地、轻松地就去做了，而不是打卡一项又一项的"每日待办事项"。健康生活是一种均衡的、全面的、自在的生活，在某一个方面太钻牛角尖，过于用力地去追求形式上的健康，反而可能会导致另一种失衡。

有时下班后感觉身体很累，不要急着回家躺平，去动一动反而会感觉好很多。但我们也看见不少这样的新闻，有人在连续加班熬夜之后还去健身，导致突发疾病。所以，到底应该去动一动，还是直接回家休息呢？我们常常说"身体会知道答案"，可是在长期快节奏和高压的环境下，很多人的身心早已无法对话。在这种情况下，有人会选择咬牙坚持，并不是因为毅力多强大，而是出于行为惯性。还有很多人会感觉很迷茫，因为根本不知道自己到底要什么。

压力大已经成为当代城市生活的常态，甚至"工作压力大"会被认为是"优秀"和"努力"的象征。珍妮·西格尔在《感受爱》一书中写道："随着生活节奏变快，我们不经意间就会减少对自己感受的注意。我们思考得越多，感受就会越少，并且会把更多的注意力放在过去发生了什么或者将要发生什么上，而不去注意当下正在发生什么。而这种情况越多，我们对每时每刻的体验就会越少，人们很容易就会失去对这种快速、拥挤、高强度生活的控制。许多人已经习惯了失衡的生活，因此高度的压力对他们来说好像没什么特别的，但这可能导致非常严重的后果。"

在生活中，要给自己创造一个安全空间。可以是一个固定的物理空间，比如家里的某个角落、楼下小花园的长椅，或者下班回家的地铁，重要的是一种不被打扰的心理感受。安全空间里只有你自己，所以没有任何其他人会评判你，你不需要做、想、感觉任何"应该"的东西，不需要去扮演任何自己不愿意的角色，不需要去满足其他人的需求和期待。在那里，你可以脆弱、无助、困惑、挫败……这些真实的感受，曾在成长过程中被我们摒弃，被视为成为"更好的自己"的绊脚石，但它们的存在其实并不影响你成为一个内心强大的人。

待在安全空间里时，放松就好。我们平时总在用脑思考，所以很多的压力积压在头部和肩颈部。请把知觉先放在头部，有意识地去放松额头和后脑勺，舒展皱着的眉头，接着放松不自觉抿紧的嘴唇和耸起来的肩膀。在没有引导的情况下，你平时是否能觉察到自己的身体不自觉地处于紧张状态？把聚集在头部的能量疏导到全身，让不自觉攥紧的手和僵直的腿也放松下来。

身体放松下来之后，内心也能更好地联结到外界的信息，比如朋友的支持、他人的善意。李辛老师在《精神健康讲记》里写道："生命中要有适当部分的无所事事的空闲、时间和心理状态。""在我们心身放松的时候,经络系统会进入一个自动调适的状态,它自己会把不均匀的能量平衡掉,把冲突的程序慢慢地化解掉。"

  放松之后,内心的声音和直觉就会慢慢回来了,自己真正想要做的事会变得清晰,在人生的路上往前走时也会感觉更安心。

后 记
POSTSCRIPT

35 岁生日那天，我把这本书的初稿发给了出版社，把这个仪式感当作送给自己的一份生日礼物。

"7"是一个神奇的数字，一周是 7 天，彩虹有 7 种颜色，音乐有 7 个音符，35 岁恰好也在一个 7 的周期上。整个写作过程中，我不断地与 21 岁的我和 28 岁的我相遇、对话。

回想起 21 岁时，为了赶着申请出国留学，我用一个月时间准备 GMAT 考试。那时脑中没有多余的想法，不着急，也不担心，每一天就只是把该学的教材内容学完。35 岁写这人生第一本书时，我链接到了那种久违的踏实、安心的感觉。21 岁的我懵懵懂懂，凭着直觉和一腔热情去做事，完全不知道之后的日子里会发生怎样的故事。那时连"juju"这个昵称也还没有出现呢！

正式动笔前，我把自己的微信公众号"juju｜serendipity"里的文章全整理下来了。这个公众号在不知不觉中居然已经经营了 8 年多，累计发布了几百篇文章。整理的过程也让我重温了 28 岁时写下的、发布之后就被自己遗忘了的文章。28 岁的我，急迫地想要拥有更多的智慧和创造力，读了《赖声川的创意学》、娜塔莉·戈德堡的《写出我心》、李欣频的《十四堂人生创意课》……发布了读书笔记后，这些书就被我抛在了脑后。没想到这些 28 岁时没读透的内容，却成了 35 岁的我在写这本书时重要的灵感养分。

我给书中的四个主题——"去联结""去创造""去成长""去感知"，分别挑选了一种不同的花，并撰写了全新的花语。

- 雏菊

  花语：真实与坚韧；代表的行动：传递温暖，互相支持，共同成长。

- 百合

  花语：纯粹与强大；代表的行动：表达自我，美好纯净，做自己。

POSTSCRIPT　　　　　　　　　　　　　　　后　记

- 向日葵

  花语：勇敢和希望；代表的行动：向阳而生，敢于行动，直面挑战。

- 玫瑰

  花语：自爱与独立；代表的行动：向内探索，接纳自我，活在当下。

这些花语讲述着一个人身上不同面向的美好特质，也象征着对新时代女性的祝福和鼓舞。当你开始接纳和整合不同面向的自我，无论是矛盾的特质、不同的视角，还是多元的观点，你的生命力会逐渐舒展开，并创造出意料之外的可能性。

书稿写完后，我感觉内心好像有一扇新的门打开了，有更多的光亮照进来，也获得了重新或是从心出发的能量。我开始尝试新的创作形式——《不赶时间》这档女性深度对谈播客节目应运而生，品牌"窕里"也开展了新的业务……后面还会发生什么呢？没有人知道，也无须计划，就这样让生命自然而然地展开吧！

如果你想与我有更多的链接和交流，以下平台都可以找到我：

- 微信公众号：juju ｜ serendipity
- 小红书账号：juju ｜ serendipity
- 小宇宙：播客《不赶时间》

谢谢你阅读这本书，感谢这份缘分。